智能科学与技术丛书

The Algebraic Mind

Integrating Connectionism and Cognitive Science

代数大脑

揭秘智能背后的逻辑

[美] 加里·F. 马库斯（Gary F. Marcus）◎ 著

刘伟 刘欣 于栖洋 ◎ 等译

机械工业出版社
China Machine Press

图书在版编目（CIP）数据

代数大脑: 揭秘智能背后的逻辑/(美) 加里·F. 马库斯 (Gary F. Marcus) 著; 刘伟等译 .-- 北京: 机械工业出版社，2021.10（2023.1 重印）

（智能科学与技术丛书）

书名原文：The Algebraic Mind：Integrating Connectionism and Cognitive Science

ISBN 978-7-111-69355-0

I. ①代… II. ①加… ②刘… III. ①人工智能 - 研究 IV. ① TP18

中国版本图书馆 CIP 数据核字（2021）第 206233 号

北京市版权局著作权合同登记　图字：01-2020-3814 号。

Gary F. Marcus：The Algebraic Mind：Integrating Connectionism and Cognitive Science（ISBN 9780262632683）.

Original English language edition copyright © 2001 Massachusetts Institute of Technology.

Simplified Chinese Translation Copyright © 2021 by China Machine Press.

Simplified Chinese translation rights arranged with MIT Press through Bardon-Chinese Media Agency.

代数大脑：揭秘智能背后的逻辑

出版发行：机械工业出版社（北京市西城区百万庄大街 22 号　邮政编码：100037）

责任编辑：曲　熠　　　　　　　　　　　　责任校对：马荣敏

印　　刷：固安县铭成印刷有限公司　　　　版　　次：2023 年 1 月第 1 版第 2 次印刷

开　　本：185mm×260mm　1/16　　　　　印　　张：12.25

书　　号：ISBN 978-7-111-69355-0　　　　定　　价：79.00 元

客服电话：(010) 88361066　68326294

本书将联结主义模型的研究与符号加工的明确表述结合起来，特别关注不同联结主义模型之间的差异以及特定模型与符号加工的特定假设之间的关系。本书的表述与其他书有很大不同，主要体现在两个方面：一方面，不区分消除型联结主义和实现型联结主义，重点关注一类特定的模型——多层感知器；另一方面，本书的辩论不是关于符号而是关于符号加工的。庆幸的是，本书脉络清晰，包含大量的实验和模型，可读性很高。

本书的主要内容如下。第 1 章介绍本书的写作意图和主要观点。第 2 章介绍多层感知器的工作原理，并引入了两个模型：家谱模型和句子预测模型。接下来，第 3~5 章分别讨论符号加工的三个核心原则，即大脑表示变量之间的抽象关系，大脑具有递归结构化表示的系统，大脑区分个体的心理表征和种类的心理表征，并且将它们与多层感知器认知方法中隐含的假设进行比较。第 3 章重点阐述变量之间的关系，说明多层感知器模型和规则、变量操作之间的关系，讨论变量和实例之间绑定的替代方法，并且通过两个具体案例对变量操作进行研究和分析。第 4 章重点介绍结构化表示，辩护了一种观点，即大脑具有内在的表示结构化知识的方式，并说明在多层感知器中使用最广泛的表示方案不支持这样的结构化知识，但给出一种新的解释来说明如何在神经基质中实现这样的知识。第 5 章主张大脑能够表示种类和个体之间的区别，并对多层感知器、客体永久性等方面进行讨论。第 6 章讨论如何在儿童的大脑中构建符号加工机制，以及这种机制是如何在进化过程中形成的。第 7 章对全书进行总结。

本书由多位译者合作完成，具体分工如下：前言至 2.2.1 节由罗昂翻译，2.2.2 节至 3.3.4 节由何树浩、刘欣翻译，3.3.5 节至 4.1.1 节由陶雯轩、于栖洋翻译，4.1.2 节至 4.5 节由韩建雨、刘欣翻译，5.1 节至 6.2.3 节由伊同亮、于栖洋翻译，6.2.4 节至第 7 章以及注释由王赛涵翻译。牛博、王小凤、武钰、金潇阳、马佳文负责校对，刘伟、刘欣、于栖洋对全书进行了统筹校对和统稿。

　　本书翻译难度较大，主要原因是其内容涵盖从句法到几何学再到社会学等多领域的知识，并且涉及从初始期到成熟期的所有发展阶段。一些专业术语在不同领域有不同的名称与用法，译者对此进行了讨论，并根据语义与上下文来确定译法。由于本书的专业性很强，译文难免存在纰漏，望读者在阅读过程中不吝赐教。

　　在此感谢机械工业出版社的编辑，正是因为他们的努力才使得本书中文版在最短的时间里与读者见面。

译者

2021 年 6 月

我对认知科学的兴趣始于高中，当时幼稚地尝试编写计算机程序，希望将拉丁语翻译成英语。这个项目最终没有完成，但我却因此读了一些有关人工智能的文献，这些文献的核心就是将大脑视作机器的隐喻。

在我上大学期间，认知科学开始发生巨大的转变。在一本名为*Parallel Distributed Processing*（PDP）的两卷本书中，David E. Rumelhart 和 James L. McClelland 及其合作者（McClelland，Rumelhart & the PDP Research Group，1986；Rumelhart，McClelland & the PDP Research Group，1986）提出，人类的大脑并不像一台计算机，这与我之前的理解不同。不过，研究人员偏爱他们所谓的神经网络或联结主义模型。当我设法找到一份暑期工作来做一些类似于 PDP 的人类记忆建模时，我立即被它吸引住了，并且感到非常兴奋。尽管我的本科论文与 PDP 模型无关（我的本科论文和人类推理相关），但我一直对计算模型和认知架构的问题很感兴趣。

在寻找研究生项目时，我参加了 Steven Pinker 的一场精彩讲座。他在讲座中比较了 PDP 和符号加工对英语过去时的影响。那场讲座使我确信，我需要去麻省理工学院（MIT）与 Pinker 合作。到 MIT 后不久，我和 Pinker 开始合作研究儿童的过度规则化错误（*breaked*、*eated* 等）。被 Pinker 的热情所感染，我开始思考英语不规则动词的细节之处。

除此之外，我们发现的结果与一种特殊的神经网络模型不符。当我在讲座中提出我们的成果时，我发现了一个沟通上的问题：不管我说什么，人们都会认为我反对各种形式的联结主义。不管我如何强调我们的研究没有碰到其他更复杂的网络模型，人们似乎总是想着"Marcus 是反联结主义者"。

我不是反联结主义者，我只是反对某些联结主义模型的特定子集。问题在于，联结主义这个术语已经基本等同于一种特定的网络模型，一种先天结构很少的经验主义模型，一种使用学习算法（如反向传播）的模型。这不是可以建立的唯一一类联结主义模型，实际上，这甚至不是正在建立的唯一一类联结主义模型，但是由于这种网络模型相当激进，因而持续吸引着大家的注意。

本书的主要目标是说服各位读者：这类备受关注的网络模型在所有可能的模型中仅是冰山一角。我认为，合适的认知模型很有可能存在于一个不同的、探索较少的领域中。无论你是否认同我的观点，我都希望你至少看到探索更广泛的可能模型的价值。联结主义不仅仅需要反向传播和经验主义。从更广泛的意义上讲，它可以很好地帮助我们回答以下两个相互关联的问题：大脑的基本构建模块是什么，以及如何在大脑中实现这些构建模块。

本书中所有的错误都是我造成的，而大部分做对的事情应该归功于我的同事。在整个研究中，我最感谢 Steve Pinker，感谢他耐心的教导、不断的鼓励以及细致且发人深省的建议。还要感谢我的本科生导师 Neil Stillings 和 Jay Garfield，在汉普郡学院的本科学习中，他们花了很多时间教我，而且他们对本书的早期草稿提出了出色的建议。

时间再往前推，我的第一任老师是我的父亲 Phil Marcus。虽然严格来说他并不算是我的同事，但他经常会与我讨论一些重要的理论问题，这些问题有助于我厘清自己的想法。

自从我来到纽约大学，Susan Carey 一直是我的非官方导师。我对 Susan Carey 以及其他为本书提出建议的人深表感谢。

还有许多同事对本书的早期版本提出了非常有帮助的建议，包括 Iris Berent、Paul Bloom、Luca Bonatti、Chuck Clifton、Jay Garfield、Peter Gordon、Justin Halberda、Ray Jackendoff、Ken Livingston、Art Markman、John Morton、Mike Nitabach、Michael Spivey、Arnold Trehub、Virginia Valian 和 Zsófia Zvolenszky。Ned Block、Tecumseh Fitch、Cristina Sorrentino、Travis Williams 和 Fei Xu 都对某些章节给出了鞭辟入里的评审意见，感谢他们的有益建议和对我所提出疑问的耐心解答。感谢 Benjamin Bly、Noam Chomsky、Harald Clahsen、Dan Dennett、Jeff Elman、Jerry Fodor、Randy Gallistel、Bob Hadley、Stephen Hanson、Todd Holmes、Keith Holyoak、John Hummel、Mark Johnson、Denis Mareschal、Brian McElree、Yuko Munakata、Mechiro Negishi、Randall O'Reilly、Neal Perlmutter、Nava Rubin、Lokendra Shastri、Paul Smolensky、Liz Spelke、Ed Stein、Wendy Suzuki、Heather van der Lely 和 Sandy Waxman，以及我在 UMass/Amherst（本项目于此开始）和纽约大学（本项目于此完成）的同事。还要感谢帮助我管理实验室的研究助手 Shoba Bandi Rao 和 Keith Fernandes，以及所有参加了 1999 年春季我

的"认知科学的计算模型"研究生课程的学生。感谢 MIT 出版社，尤其是 Amy Brand、Tom Stone 和 Deborah Cantor-Adams，他们为本书的制作提供了帮助。感谢 NIH Grant HD37059 对本书最后的准备阶段提供支持。

我的母亲 Molly 可能对不规则动词或神经网络没有兴趣，但她一直鼓励我探索新知。她和我的朋友们，尤其是 Tim、Zach、Todd、Neal 和 Ed，帮助我在整个项目过程中稳步推进。

最后我希望感谢 Zsófia Zvolenszky，把她放在最后不仅仅是因为字母顺序，而是因为从我开始写这本书的那一刻起，她就一直在激励和启发我。她的建议和爱让本书变得更好，也让我变得更快乐。我把这本书献给她。

目　录 |
The Algebraic Mind

认知架构

可以容纳无限思想的大脑到底是什么？它是否像已故的 Allen Newell（1980）所说的那样是一位"符号加工者"？还是像 Paul Churchland（1995, p.322）所说的，"认知的基本单位"与符号加工的"句子和命题"没有本质关系？在过去十年左右的时间里，这个问题一直是认知科学领域的主要争议之一。一组研究人员提出了语言和认知的神经网络或联结主义模型，这在很大程度上推动了人们对这个问题的兴趣。符号加工模型通常是用生产规则（如果满足前提条件 1、2 和 3，则执行操作 1 和 2）和分层二叉树（比如可以在语言学教科书中找到）这样的元素来描述的；而联结主义模型通常被认为是"受神经启发的"，是用神经元节点和突触连接这样的基本元素来描述的。这种模型有时被描述成"不像我们以前见过的任何东西"（Bates & Elman，1993，p.637），因此，联结主义模型有时被描述为认知科学中范式转变的信号（Bechtel & Abrahamsen，1991；Sampson，1987；Schneider，1987）。

但表面现象可能具有欺骗性。结果表明，一些模型可以同时具有连接性和符号加工性。例如，符号加工模型通常使用"与"和"或"等逻辑函数，结果证明这些函数很容易在连接节点中构建或实现。事实上，关于认知如何在神经基质中实现的第一次讨论，可能是在 McCulloch 和 Pitts（1943）关于如何用类似神经元的节点构建"思想的逻辑演算"（如"与"和"或"函数）的讨论会上[1]。

大脑（在很大程度上）由神经元组成，仅凭这一事实本身并不能告诉我们大脑是否执行了符号加工机制（规则之类的）。相反，大脑是否执行符号加工机制的问题是关于如何将基本计算单元组合到更复杂的电路中的问题。符号加工机制的拥护者认为，大脑回路在某种程度上与讨论符号加工时假定的基本装置相对应，例如，某种支持规则的表示（或泛化）的大脑回路。对符号加工机制持批评态度的人认为，不会有大脑回路来执行规则之类的东西。

为了与这种基本的张力保持一致，联结主义一词的定义是模棱两可的。大多数人把这个词与那些直接挑战符号加工机制假说的研究人员联系在一起，但是联结主义领域也包含了试图解释符号加工如何在神经基质中实现的模型（例如，Barnden，1992b；Hinton，1990；Holyoak，1991；Holyoak & Hummel，2000；Lebière & Anderson，1993；Touretzky & Hinton，1985）。

在我看来，这种对"联结主义"一词含义的系统性模糊分歧了我们对联结主义和符号加工之间关系的理解。问题是，在讨论联结主义和符号加工之间的关系时，常常假定联结主义的证据自动被视为反对符号加工的证据。但是由于联结主义模型在其架构和表示的假设上有很大的差异，把它们混为一谈只会模糊我们对联结主义和符号加工之间关系的理解。

在理解联结主义和符号加工之间的关系时，两者应平等地分担举证的责任，对于给定的联结主义模型是否实现了符号加工的特定方面，并没有默认的定义：某些模型可以，某些模型不能。判断一个给定的模型是否实现了符号加工是一个调查和分析的经验性问题，需要对符号加工有清晰的理解，也需要对所讨论的模型有清晰的理解。只有理解了两者，我们才能判断该模型是否可以真正替代Newell 的观点，即大脑是符号的加工者。

1.1　全书预览

我写这本书的目的是将联结主义模型的研究与符号加工的准确定义结合起来。我希望通过关注不同联结主义模型之间的差异以及特定模型与符号加工的特定假设之间的关系，可以超越之前关于联结主义和符号加工的讨论。

我的陈述与以往不同。一方面，我没有采纳 Pinker 和 Prince（1988）对消除型联结主义和实现型联结主义的区分。尽管我以前使用过这些术语，但出于以下几个原因在本书中避免使用它们。首先，人们经常将"仅仅"一词与实现型联结主义联系起来，好像实现型联结主义在某种程度上是不重要的研究项目。我避免这种负面含义，因为我不认同它们的前提。如果事实证明大脑确实在执行符号加工，那么实现型联结主义不会变得无关紧要。相反，这将是一个巨大的进步，相当于弄清楚大脑的一个重要部分实际上是如何工作的。其次，尽管许多研究人员质疑大脑是符号加工者的观点，但很少有人自认是消除型联结主义的倡导者。相反，那些质疑大脑是符号加工者的人通常会自认是联结主义者，但并没有明确说明他们支持哪种类型的联结主义。其结果是，很难明确指出什么是消除型联结主义（也很难辨别特定模型与符号加工假设之间的关系）。我没有重点关注这样一个定义不明确的区域，而是重点关注一类特定的模型——多层感知器。我之所以关注这类模型，是因为研究人员在考虑联结主义和符号加工之间的关系时，几乎总是要讨论这类模型。我要做的工作是仔细确定这类模型和符号加工假设之间的关系。预先假设多层感知器与符号加工完全不一致，将是不公平的先验判断。

我的陈述的另一个不同之处在于，与其他一些研究者不同，我的辩论不是关于符号，而是关于符号加工。在我看来，担心多层感知器本身是否使用了符号根本没有用。据我所知（见 2.5 节），这仅仅是一个定义问题。在认知架构的不同解释之间做出抉择，真正的工作不在于我们称之为符号的东西，而在于理解什么样的表示是可用的，以及我们用它来做什么。

在这方面，我要强调，符号加工不是单一的假设，而是一系列假设。在我进行重构时，符号加工包含三个独立的假设：

- 大脑表示变量之间的抽象关系
- 大脑具有递归结构化表示的系统
- 大脑区分个体的心理表征和种类的心理表征

稍后我将详细说明这些假设的含义。就目前而言，我的观点只是这些假设可以成立或单独不成立。结果可能是，大脑利用了变量之间关系的抽象表示，但并不表示递归结构化的知识，也没有区分个人的心理表征和种类的心理表征。换句话说，任何给定的模型都可以与符号加工的三个假设的一个子集或所有假设一致。实现型联结主义和消除型联结主义之间的简单二分法并不能解决这个问题。

因此，我将分别评估符号加工的每个假设。在每一种情况下，我提出了一个给定的假设，并询问多层感知器是否提供了替代方案。如果多层感知器确实提供了替代方案，我将评估该替代方案。在所有情况下，我将说明如何在神经机器中实现心理活动的各个方面。

最终，我认为与符号加工的假设一致的语言和认知模型比不一致的模型更可能成功。我所捍卫的符号加工——符号、规则、变量、结构化表示和个体的不同表示——并不是什么新鲜事物。例如，J. R. Anderson 在他的认知架构的各种提议中都采纳了这些内容（例如，Anderson，1976，1983，1993）。但我相信，我们现在能够更好地评估这些假设。例如，在最近所有关于联结主义的研究之前，Anderson（1976，p.534）曾担心他当时为之辩护的架构可能"太过灵活，以至于它真的不包含任何经验主义，实际上只是为心理建模提供了一个媒介"。但是情况已经改变了。如果说 Anderson 在 1976 年没有什么可以拿来做比较的话，那么明显改变范式的联结主义模型的出现使我们看到，关于符号加工的假设是可以证伪的。人们想象的构建大脑的方式其实有很多种 [2]。

本书其余部分的结构如下。第 2 章专门介绍多层感知器如何工作。虽然这并不是所提出的唯一一种联结主义模型，但它值得特别关注，因为它是最受欢迎的，并且它比其他模型都更接近于提供了一种替代符号加工的真正可行的解决方案。

在第 3 ~ 5 章中，我将讨论我认为的符号加工的三个核心原则，并在各种情况下，将它们与多层感知器认知方法中隐含的假设进行比较。第 3 章考虑了这样一个观点，即大脑具有机制和表示形式，这些形式允许大脑表示、提取和泛化心理表征变量间的抽象关系——这些关系有时被称为规则 [3]。这些实体将使我们能够学习和表示某些类的所有成员之间的关系，并以简洁的方式表达泛化（Barnden，1992a；Kirsh，1987）。无须单独说明 *Daffy likes to swim*，或 *Donald likes to swim* 等，我们就可以描述一个不引用任何特定鸭子的泛化，从而使用类型 duck 作为隐式变量。这样，变量将充当类别中任意成员的占位符。

与传统观点不同，我认为多层感知器和规则并不是完全对立的。相反，实际情况更加微妙。原则上，所有多层感知器都能表示心理表征变量之间的抽象关系，但实际上只有一部分可以这样做。此外，有些——而不是全部——可以在有限的训练数据基础上获取规则。在两个案例研究中，我认为，唯一能够充分捕获某些经验事实的模型是实现变量之间抽象关系的模型。

第 4 章为这样一种观点进行了辩护，即大脑有内在表示结构化知识的方式，例如，区分对 *the book that is on the table* 的心理表征和对 *the table that is on the book* 的心理表征。我展示的在多层感知器中使用最广泛的表示方案不能支持这样的结构化知识，但这种表示方案为如何在神经基质中实现这种知识提出了一个新的解释。

第 5 章主张大脑表示种类和个体之间的**区别**，例如区分菲利克斯猫和一般的猫。与之相反，我展示的多层感知器中使用最广泛的表示方案不能支持种类和个体之间的区分。本章最后简要介绍了如何实现这种区分。

在接下来的章节中，我暂时接受了大脑加工符号的假设，并且在第 6 章中讨论了如何在儿童的大脑中构建符号加工机制，以及这种机制是如何在进化过程中形成的。第 7 章进行了总结。

本书使用以下符号约定：粗体表示变量和节点，斜体用于提及而未使用的词，大写字母用于表示各种心理表征（猫、狗等）。因此，猫的概念将在心理表征中由种类 CAT 表示，在神经网络中由称为 cat 的节点表示，在文字叙述中由 *cat* 表示。

1.2 免责声明

为了与我在前言中强调的观点保持一致，请允许我再次强调，我不认为任何形式的联结主义都不能成功。相反，我正在编排各种可能的模型，并提出一些我认为最有可能成功的建议。

在结束本章时，有两个告诫。首先，我关注的重点是语言和更高层次的认知，而不是感知和行动。一部分原因是语言和认知是我最熟悉的领域，还有一部分原因是这些领域常常由符号加工来表述，如果符号加工在语言和更高层次的认知中不起作用，那么它似乎不可能在其他领域起作用。当然，事实并非如此。符号加工很可能在语言和认知中起作用而不在其他地方起作用。相比于在这里解决其他领域的这些问题，我更希望我的讨论可以为那些想要在其他领域研究符号加工类似问题的人提供指导。

其次，如果将本书的部分内容用作批判，它必须作为对多层感知器的批判，而不是对尚未提出的符号加工的替代方法进行批判。在介绍这些材料时，我经常遇到读者似乎希望我证明大脑在加工符号。当然，我做不到。我至多可以证明符号加工与事实是一致的，并且迄今为止提出的替代方案是不充分的。我不能排除尚未提出的替代方案。这里的情况与其他科学领域的情况相同：不确定可能是决定性的，但是确定只是进一步探究的前提。

多层感知器

本章专门介绍多层感知器，包括它如何工作，人们对它的看法以及人们为什么发现它具有吸引力。由于多层感知器是符号加工唯一明确的竞争者，因此了解它如何以自己的方式工作很重要。已经熟悉多层感知器操作的读者可以跳过 2.1 节，但是强烈建议不熟悉其操作方式的读者通读本章。尽管我最终证明多层感知器不能提供足够的认知基础，但了解它的操作是朝着"关于如何在神经基质中实现认知的替代方法"的方向迈出的重要一步。因此，值得花一些时间来理解它。

2.1 多层感知器如何工作

多层感知器由一组输入节点、一组或多组隐藏节点和一组输出节点组成，如图 2.1 所示。这些节点通过加权连接彼此相连，连接的权重通常通过某种学习算法来调整[1]。

2.1.1 节点

节点是具有活性值的单元，而活性值是一些简单的数字，例如 1.0 或 0.5（参见下文）。输入和输出节点具有由外部程序员分配的含义或标签。例如，在 Rumelhart & McClelland（1986a）提出的众所周知的模型中，每个输入节点（略微简化）代表三种声音的不同序列，例如，一个节点代表声音序列 /sli/，另一个代表声音序列 /spi/，依此类推。在 McClelland（1989）的儿童解决平衡杆问题的能力模型中，特定的节点代表（尤其是）可能出现在平衡杆上的特定数量的砝码。

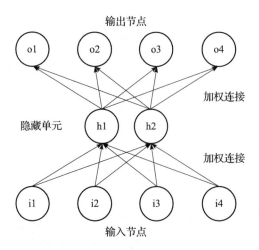

图 2.1　通用的多层感知器体系结构：输入节点、隐藏节点和
输出节点通过加权连接彼此相连

节点（其标签）的含义在计算中没有直接作用：网络的计算仅取决于节点的活性值，而不取决于节点的标签。但是，节点标签确实起着重要的间接作用，因为模型输入的性质取决于标签，而模型的输出取决于其输入。例如，在其他条件相同的情况下，根据单词 *cat* 的发音对其进行编码的模型倾向于将 *cat* 视为与发音相近的词（例如 *cab* 和 *chat*）相似，而根据语义特征（＋动画、＋四足等）对其进行编码的模型倾向于将 *cat* 视为与含义相近的词（例如 *dog* 和 *lion*）相似。

除了输入节点和输出节点以外，还有一些隐藏节点既不表示输入也不表示输出。这些节点的作用将在下面讨论。

2.1.2　活性值

输入节点的活性值由程序员给出。如果给定模型的输入是不规整的数据，那么程序员可能会"打开"**毛刺**节点（即，将其活性值设置为 1.0）；如果输入的是规整的数据，程序员将"关闭"毛刺节点（即，将其活性值设置为 0）。

然后，将输入的活性值乘以连接权重，该权重指定了任意两个节点之间相互连接的强度。在最简单的网络中，单个输入节点连接到单个输出节点，将输入节点的活性值乘以该连接的权重即可计算出到输出节点的总输入量。

输出节点的活性值就是总输入代入某些函数的计算结果。例如，一个输出节点的活性值可能仅等于提供给它的总激活量（线性激活规则），或者仅在总激活量大于某个阈值（二进制阈值激活规则）时才成立。含有隐藏单元的模型使用更复杂的 S 形激活规则，其中给定节点产生的活性值范围在 0 ～ 1 之间平滑变化。这些可能性在图 2.2 中进行了说明。

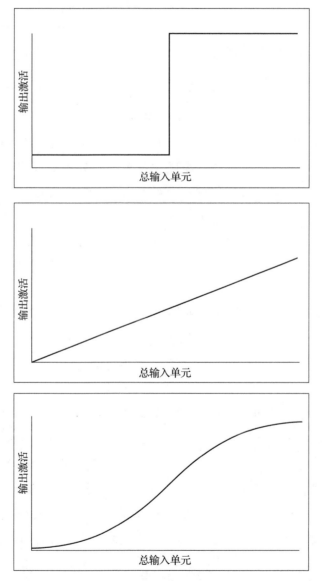

图 2.2 激活函数将对节点的总输入转换为激活。图中分别为线性函数，
二进制阈值函数和非线性 S 形激活函数

在具有多个输入节点的网络中，给定节点的总输入是通过取每个节点反馈给
该节点的活性值总和来计算的。例如，在具有两个输入节点（A 和 B）和一个输出
节点（C）的网络中，通过将 A 的输入（计算 A 节点的活性值与 A 节点和 C 节点
之间的权重值的乘积）与 B 的输入（计算 B 节点的活性值与 B 节点和 C 节点之间
的权重值的乘积）相加可以得出输出节点 C 的总输入。因此，给定节点的总输入
是反馈给该节点的活性值的加权总和。

2.1.3 局部表示和分布式表示

一些输入（和输出）表示是局部的，而其他表示则是分布式的。在局部
表示中，每个输入节点对应一个特定的单词或概念。例如，在 Elman（1990，
1991，1993）语法模型中，每个输入单元对应一个特定的单词（例如，*猫*或
狗）。同样，每个输出单元对应一个特定的单词。其他局部表示方案包括：给
定节点对应于视网膜状视觉阵列中的特定位置（Munakata，McClelland，
Johnson & Siegler，1997），序列中的字母（Cleeremans，Servan-Schrieber &
McClelland，1989；Elman，1990），以及平衡杆到杆支点的距离（Shultz，
Mareschal & Schmidt，1994）。

在分布式表示中，任何特定输入都通过一组同时激活的节点进行编码，每个
节点都可以参与一个以上不同输入的编码。例如，在 Hare、Elman 和 Daugherty
（1995）提出的英语过去时的屈折模型中，输入特征对应于特定位置的语音片段：
14 个输入节点对应于 14 种可能的开始（音节的开头），6 个输入节点对应于 6 种
可能的核心（音节的中间），18 个输入节点对应于 18 种可能的结尾（音节的末
端）。*bid* 这个词由 3 个同时激活的节点来表示，*b* 对应于开始位置的节点，*i* 对应
于核心位置的节点，*n* 对应于结尾位置的节点。这些节点也将参与其他输入的编
码。其他分布式表示方案包括输入节点对应于 [± 语音]（Plunkett & Marchman，
1993）、[± circle] 或 [± volitional]（MacWhinney & Leinbach，1991）等语义特征
的输入节点。（如 2.5 节所述，在某些模型中，输入节点不对应任何明显有意义的
内容。）

2.1.4　输入与输出之间的关系

任何给定的网络体系结构都可以根据节点之间的连接权重表示为输入和输出节点之间的不同关系。例如，图 2.3 所示是一个非常简单的网络，假设我们想使用这个网络模型来表示逻辑函数 OR 的运算规则：如果输入节点中任意一个节点的值为 true（或"打开"），则输出为 true；如果两个输入均为 false，则输出为 false（例如，*下暴风雪或停电这两个事件任意发生一个，学校都不会正常上课*）。如果输入单元为 true，则将其打开（设置为 1）；如果为 false，则将其关闭（设置为 0）。我们还假设输出节点的激活函数是一个二进制阈值，因此只要输出节点的总输入大于等于 1，该节点的输出经过激活函数后得到的值便为 1，否则为 0。

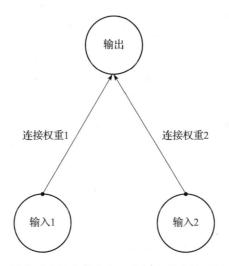

图 2.3　具有两个输入节点和一个输出节点的两层感知器

输出节点的总输入量的计算公式为输入 1 × 权重 1+ 输入 2 × 权重 2。根据假设，我们可以使用多种权重的组合来实现网络。图 2.4 中给出了一种可行的权重组合，其中输入节点 1 到输出节点的权重为 1.0，输入节点 2 到输出节点的权重也为 1.0。

如图 2.4 所示，如果打开输入节点 1 并关闭输入节点 2，则向输出单元输入的加权和为（1.0 × 1.0）+（0.0 × 1.0）= 1.0。由于 1.0 大于等于阈值，因此输出单元将被激活。如果把输入节点 1 和输入节点 2 全部打开，则向输出单元输入的加权和为（1.0 × 1.0）+（1.0 × 1.0）= 2.0，仍然大于等于输出的激活阈值。相反，如果将两个输入节点全部关闭，则向输出节点输入的加权和为（0×1）+（0×1）= 0，该值小于输出激活的阈值，所以输出单元会被关闭。

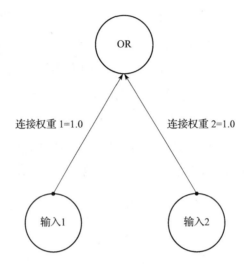

图 2.4   可以实现逻辑运算"或"的两层感知器

假如在输出层使用与上面相同的激活函数（二进制阈值大于或等于 1），但使用一组不同的权重（例如图 2.5 中所示的权重），那么同样可以使用上述网络来表示逻辑函数 AND。在网络中，输入节点 1 到输出节点的权重为 0.5，输入节点 2 到输出节点的权重也为 0.5。如果两个输入节点都打开，则向输出单元输入的加权和为（0.5×1）+（0.5×1）= 1.0。由于 1.0 大于等于阈值，因此将输出单元将被激活。相反，如果仅打开输入节点 1，则向输出节点输入的加权和为（0.5×1）+（0.5×0）= 0.5，该值小于输出节点激活函数的阈值，因此，输出节点将不会打开（false）。

2.1.5   对隐藏单元的要求

尽管像 AND 和 OR 之类的函数可以用简单的两层神经网络来实现，但许多其他函数的实现则没有这么简单。例如，上述网络无法表示异或（XOR）函数：当且仅当一个输入为 true 时，输出才为 true（你可以吃蛋糕或冰淇淋，但不可以两者都吃）。

像逻辑 AND 和逻辑 OR 之类的简单函数被认为是线性可分的，如图 2.6 所示，我们可以用一条直线将输出为 true 和 false 的情况分隔开。

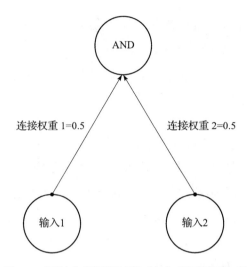

图 2.5 可以实现逻辑运算"与"的两层感知器

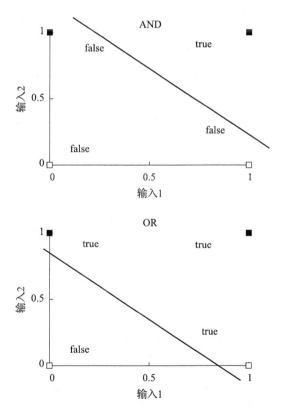

图 2.6 逻辑函数 OR 和 AND 的图示。坐标轴对应两个输入单元的值，每个输入都可以被视为该空间中的一个点，标签 true 和 false 表示不同样本输入对应的输出，斜线表示一种可以将输出为 true 和 false 的情况线性分隔的方法

但是，如图 2.7 所示，在 XOR 对应的映射关系中，无法用一条直线将 true 与 false 的情况分隔，这说明我们面对的问题并不是线性可分的。事实上，在这种情况下，无论将权重设置为多少都没有用。我们没有办法在上述的简单网络中实现诸如 XOR 之类的函数（Minsky & Papert，1969）。

正如 Minsky 和 Papert（1988）所指出的，我们可以用一种不太令人满意的方式来解决这个问题，方法是在试图表示的函数中构建输入节点。同样，我们可以以求解的方式自定义输出函数。例如，如果将两个输入都连接到权重为 1 的输出，则可以规定仅当其输入的加权和刚好等于 1 时，输出节点才会打开。但是这种激活函数（因为先上升后下降而被称为非单调函数）本质上是将 XOR 内置到输出函数中，几乎没有研究者对于这种 XOR 的解释感到满意。

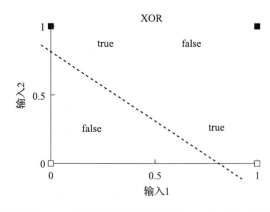

图 2.7　XOR 函数。没有直线可以将输出为 true 和 false 的情况分隔开

不过，还有另一种方法可以表示非线性可分的函数，而不依赖于特定的输入编码方案或输出激活函数。假设我们仍然将激活的阈值设置为 1，同样很容易在网络中表示 XOR——只需合并隐藏单元即可。图 2.8 展示了一种使用两个隐藏单元的模型[2]，表 2.1 给出了输入的值、隐藏单元的值以及输出单元的值。实际上，我们将 h1 和 h2 这两个隐藏单元称为计算的中间状态：输出 =（h1 × –1.0）+（h2 × 1.0），其中 h1 =（（0.5 × 输入 1）+（0.5 × 输入 2）），h2 =（（1.0 × 输入 1）+（1.0 × 输入 2））。

在我们的简单示例中，隐藏单元的含义很容易理解。例如，我们可以将隐藏单元 h1 理解为输入 1 和输入 2 的逻辑 AND 运算结果，将 h2 理解为输入 1 和输入 2 的逻辑 OR 运算结果（输出单元为两个输入的 OR 减去 AND 的值）。

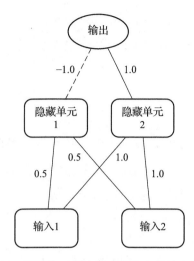

图 2.8　表示 XOR 的网络。所有单元只有在其输入的加权和大于或
等于 1 时才会打开。实线表示正激活，虚线表示负激活

表 2.1　XOR 网络中各单元的活性值（参见图 2.8）

输入 1	输入 2	隐藏单元 1 的输入	隐藏单元 1 的输出	隐藏单元 2 的输入	隐藏单元 2 的输出	输出单元 的输入	输出
F=0	F=0	0	0	0	0	0	0
F=0	T=1	0.5	0	1	1	1	1
T=1	F=0	0.5	0	1	1	1	1
T=1	T=1	1	1	2	1	0	0

在更复杂的模型中，给定隐藏节点的计算结果可能是透明的。在输入为单词的模型中，一个隐藏的单元可能与输入的名词单词紧密相连，而另一个可能与输入的动词单词紧密相连。在其他情况下，给定隐藏节点的计算可能不够透明，但重要的是，所有隐藏单元所做的都是将其激活函数应用于输入的加权和：与网络的第一层类似，加权和为所有输入与对应权重的乘积的和。

有时，隐藏单元被认为是对输入进行重新编码的过程。例如，在图 2.8 的网络模型中，一个隐藏单元通过逻辑 AND 运算对原始输入进行重新编码，另一个隐藏单元通过逻辑 OR 运算对原始输入进行重新编码。从这个意义上讲，隐藏单元的确充当了输入经过重新编码后的表示或内部表示。由于输出节点通常仅由隐藏单元计算得出，因此这些内部表示形式非常重要。例如，在 XOR 模型中，输出单元通过组合隐藏单元产生的 AND 和 OR 而不是直接组合原始输入来完成运算并输出结果。因为隐藏节点的作用方式取决于它们与输入节点的连接方式，所以有时可以通过了解其隐藏单元的功能来了解给定网络是如何解决特定问题的。

2.1.6 学习

这些模型最有趣的地方可能是连接权重时不需要手动设置或预先设定。大多数模型在诞生之初就将其权重初始设置为随机值[3]。然后，通过学习算法根据一系列与目标配对的输入训练范例调整这些权重。最常见的两种算法是 Hebbian 算法和一种称为反向传播的 delta 规则。

Hebbian 算法。Hebbian 算法是根据 D.O. Hebb（1949）的一个建议命名的，每当输入节点 A 和输出节点 B 同时处于激活状态时，它们之间的连接权重都会以固定的数量增强，这一过程有时用"一起激活的细胞，连接在一起"来描述。Hebbian 算法的某种更为复杂的版本将节点 A 和节点 B 之间的连接权重调整为与其乘积成比例的量（McClelland, Rumelhart & Hinton, 1986, p.36）。在该版本中，如果节点 A 的活性值乘以节点 B 的活性值结果为正，则它们之间的连接被加强；如果该乘积为负，则节点 A 和 B 之间的连接被削弱。

delta 规则。delta 规则将输入节点 A 的活性值乘以输出节点 B 实际产生的结果与输出节点 B 的目标之间的差值，并与之成比例地改变输入节点 A 和输出节点 B 之间的连接权重，公式如下所示：

$$\Delta w_{io}=\eta(\text{target}_o-\text{observed}_o)a_i$$

其中 Δw_{io} 是从输入节点 i 到输出节点 o 的连接权重的变化，η 是学习率，target_o 是节点 o 的目标值，observed_o 是节点 o 的实际活性值，a_i 是输入 i 的活性值。

反向传播。人们无法将 delta 规则直接应用于具有隐藏层的网络，因为隐藏节点的目标是未知的。反向传播算法是 Rumelhart、Hinton 和 Williams（1986）提出的，它使用额外的机制补充了 delta 规则，用于估计隐藏单元的"目标"。

反向传播之所以得名，是因为学习算法在一系列通过网络向后移动的阶段中进行操作。在第一阶段，该算法调整从隐藏单元到输出单元的连接权重[4]。遵循

delta 规则，从隐藏节点 h 到输出节点 o 的每个连接都根据以下乘积的函数进行调整，即隐藏节点 h 的活性值和对输出节点 o 的误差度量的乘积，所有度量均由称为学习率的参数（在下面讨论）进行缩放[5]。

第二阶段在所有从隐藏节点到输出节点的连接都已调整之后开始。这时，使用一种称为责任分配的过程，该算法计算出每个隐藏节点在多大程度上导致了整体错误。从给定输入节点 i 到给定隐藏节点 h 的连接权重是通过 i 的活性值乘以 h 的责任分数来调整的，再将其乘以学习率（在下一节中讨论的参数）以进行缩放。因此，反向传播调整馈送隐藏节点的连接权重的方式与 delta 规则调整馈送输出节点的连接权重的方式非常相似，但目标值和观测值之间的差异用责任分配分数代替。

计算公式如下。从隐藏节点 h 到输出节点 o 的连接通过 Δw_{ho} 调整，其中

$$\Delta w_{ho}=\eta\delta_o a_h, \quad \delta_o=(t_o-a_o)a_o(1-a_o)$$

输入节点 i 与隐藏节点 h 的连接通过 Δw_{ih} 进行调整，其中

$$\Delta w_{ih}=\eta\delta_h a_i, \quad \delta_h=a_h(1-a_h)\sum_k \delta_k w_{kh}$$

像反向传播这样的算法被称为梯度下降算法。要理解这个比喻，可以想象一下，在每次试验之后，我们都会计算目标与观察到的输出（即模型实际产生的输出）之间的差异。可以将这种差异（一种误差的度量）视为丘陵地形上的一个点，我们的目标是找到最低点（总误差最小的解）。

固有的风险是，如果我们使用的算法不是针对全局的，那么可能会陷入局部最小值中（参见图 2.9）。在局部最小值处，我们无法利用小步进立即找到更好的解。

在简单的任务中，经过反向传播训练的网络通常可以找到合适的解，即使该解不是完美的。这些算法是否适用于更复杂的任务还存在争议（有关局部最小值问题的进一步讨论，请参阅文献（Rumelhart, Hinton & Williams, 1986）和（Tesauro & Janssens, 1988））。

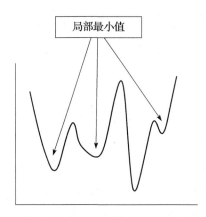

图 2.9　以爬山来类比。箭头指向的位置误差较小，并且
在这些位置进行小步进只会导致更大的误差

2.1.7　学习率

学习算法（例如反向传播）使用称为学习率的参数，该参数是一个常数，其值为误差信号与节点活性值的乘积。在大多数模型中，学习率较小，导致学习必须是渐进的。McClelland、McNaughton 和 O'Reilly（1995，p.437）很好地解释了学习率偏低的两个原则性原因：

- 测量的准确性将随样本数量的增加而增加，较小的学习率通过网络对大量最近的示例进行平均，从而增加有效样本的数量。
- 梯度下降算法……可以保证结果得到改善，但前提是必须在每个步骤上对连接值的权重进行极小的调整……每次通过训练集后，权重只能稍做更改；否则，某些权重的变化将破坏其他权重变化的影响，并且权重将趋于振荡。另一方面，如果变化很小，则每次通过训练集后，网络都会得到一些优化。

2.1.8　监督

由于通过反向传播训练的模型需要外部标记数据，因此可以说它们是受监督的 [6]。对于任何受监督的模型，一个明显的问题是，标记数据如何得到？一些多层感知器方法的批评者基于标记数据的不可信性而否定所有受监督的模型，但是这种一概而论的批评是不公平的。一些模型的确依赖于在环境中似乎不可行的示教信号，但是在其他情况下，示教信号可能是在环境中可用的一条信息。例如，在下面描述的句子预测网络中，模型的输入是句子中的单词，而目标是该句子中的下一个单词。假设学习者可以访问这些容易获得的信息并不是不合理的。对于每个受监督的模型，必须分别提出标记数据是否合理的问题。

2.1.9　两种类型的多层感知器

到目前为止，本书讨论的所有示例都称为前馈网络，因为激活是从输入节点通过隐藏节点传输到输出节点的。前馈网络的一种变体是另一种称为简单循环网络（SRN）的模型（Elman，1990），其本身是 Jordan（1986）之前引入的体系结构的一种变体。简单循环网络与前馈网络的不同之处在于具有一个或多个附加节点层，称为上下文单元，它由隐藏层提供的单元组成，但可以反馈回（主）隐藏层（参见图 2.10）。这些更复杂的模型的优点（如本章稍后所述）是，与前馈网络不同，通过简单循环网络可以了解有关随时间推移而呈现的元素序列的一些信息。

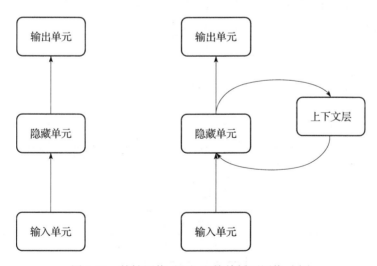

图 2.10　前馈网络（左）和简单循环网络（右）

2.2　示例

在认知科学中讨论的大部分连接模型是多层感知器，其可以是前馈网络，也可以是简单循环网络。使用这些模型的众多领域包括：语言屈折变化的获取（如

Rumelhart & McClelland，1986a），语法知识的获取（Elman，1990），客体永久性的发展（Mareschal，Plunkett & Harris，1995；Munakata，McClelland，Johnson & Siegler，1997）， 分 类（Gluck & Bower，1988；Plunkett，Sinha，Møller & Strandsby，1992；Quinn & Johnson，1996）， 阅 读（Seidenberg & McClelland，1989），逻辑推理（Bechtel，1994），"平衡杆问题"（McClelland，1989；Shultz，Mareschal & Schmidt，1994），Piagetian 棒分类任务（即系列化）（Mareschal & Shultz，1993）。这里只给出了部分示例，更多的示例可以在书籍、期刊和会议记录中找到。在本节中，我将重点介绍两个众所周知的示例，用于说明两大类多层感知器——前馈网络和简单循环网络。每一个示例都在讨论关于联结主义对符号加工的影响中发挥了关键作用。

2.2.1　家谱模型：前馈网络

Hinton（1986）描述的家谱模型可帮助我们了解图 2.11 中的两个家谱中的亲属关系。这两个家谱是同构的，也就是说它们完美地相互映射，一个家谱中的一位家庭成员对应于另一个家谱中的一位家庭成员。

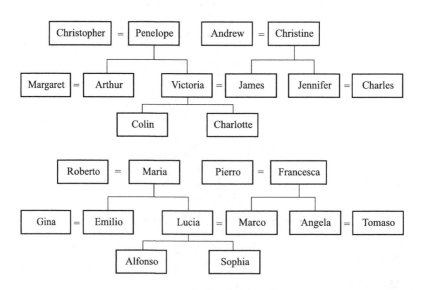

图 2.11　Hinton（1986）使用的两个同构家谱。符号 "=" 表示已结婚。例如，Penelope 已与 Christopher 结婚，并且是 Arthur 和 Victoria 的母亲

该模型本身（如图 2.12 所示）是一个多层感知器，激活严格地从输入节点传递到输出节点。特定事实被编码为每个输入对的输入节点。模型对两个图中描绘的 24 个人之一进行编码，或对 12 种家族关系（*父亲，母亲，丈夫，妻子，儿子，女儿，叔叔，姨妈，兄弟，姐妹，侄子，侄女*）之一进行编码。输出节点代表特定的个体。给定由关系输入单元编码的 12 种可能的家族关系，并考虑 Hinton 使用的两个家谱，总共有 104 个可能的事实，其形式为 X 是 Z 的 Y，例如 *Penny 是 Victoria 和 Arthur 的母亲*。

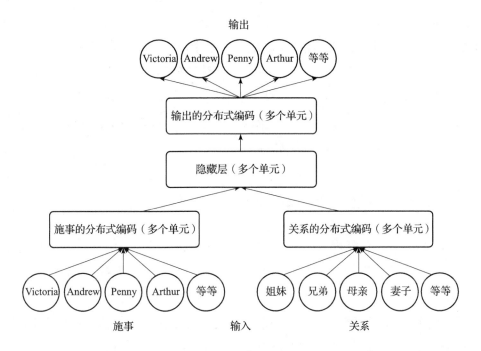

图 2.12   Hinton（1986）的家谱模型。圆表示单元，矩形表示单元的集合，并非所有单元或所有连接都显示在图中。通过激活一个施事单元和一个关系单元来表示对模型的输入。在输出库中激活了与该施事和关系相对应的一组受事，所有激活都是从输入到输出向前流动的

最初，模型的权重是随机的。在这一点上，模型随机响应父亲、女儿和姐妹之类的词语，并且不知道任何具体事实，例如哪些人是 Penelope 的孩子。但是通过应用反向传播[7]，该模型逐渐了解了具体事实。Hinton 认为，该模型学到了一些有关其被训练的亲属关系（父亲、女儿等）的信息。（我将在第 3 章中对 Hinton 的论点提出质疑。）

Hinton 并未对 104 个事实进行模型训练，而是保留了 4 个事实以供测试。特别是，他对该模型进行了两次测试，每次都根据 104 个可能的事实中的 100 个进行训练。使用的初始随机权重不同，测试运行的过程也不同可以认为这两次测试与两个不同的实验对象大致相似。在第一次测试中，模型对所有 4 个测试用例都给出了正确输出；而在第二次测试中，模型给出了 3 个正确输出。从这两次测试可以看出，该模型具有一定的泛化到新案例的能力。

该模型有趣的部分原因在于，隐藏单元似乎捕获了未在输入中显式编码的概念，例如"一个人属于哪一代以及一个人属于哪个家庭分支"。McClelland（1995，p.137）采用的 Hinton 模型表明"可以学习无法用给定变量之间的相关性表达的关系。网络所做的是发现新的变量，并且必须将给定的变量转换为新的变量。"同样，Randall O'Reilly（私人通信，1997 年 2 月 6 日）认为，Hinton 的"网络（通过反向传播学习）在'编码'隐藏层中抽象了内部表示，在随后的层中针对这些抽象的内部表示的关系信息进行编码。"

2.2.2　句子预测模型：简单循环网络

另一个重要且有影响力的多层感知器是 Elman（1990，1991，1993）所描述的句子预测模型，在这里考虑的是简单循环网络而不是前馈网络。本节给出一个简化的句子预测模型，如图 2.13 所示。该模型非常类似于标准前馈网络，但正如我前面所指出的，它增加了一个上下文层，该上下文层记录了隐藏层状态的副本。在下一个时间步，此上下文层将反馈回隐藏层。在任何给定点，隐藏单元的激活程度不仅取决于输入单元的激活程度，还取决于这些上下文单元的状态。这样，上下文层中的单位就可以作为模型历史记录的一种记忆。

句子预测模型是通过一系列从半现实的人工语法中提取的句子进行训练的，该人工语法包括 23 个单词以及各种语法依赖性，例如主语 - 谓语一致（cat love 和 cat loves）和多个嵌入。在每个时间步，模型的输入是当前单词（由某个节点的激活表示），目标输出是当前句子中的下一个单词。

模型的权重（从隐藏单元到上下文层的权重是固定的）通过反向传播算法进行调整。一旦经过训练，这个模型通常能够预测诸如 cats chase dogs 这样

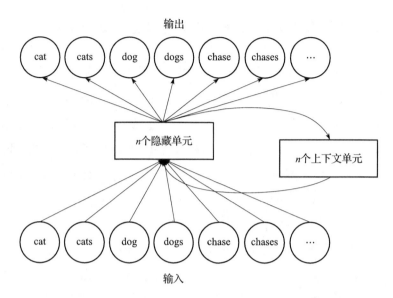

图 2.13　Elman（1990，1990，1993）的句子预测模型的简化版本。圆（输入
节点和输出节点）代表特定的单词，模型的输入在每个时间步以一个
单词表示，目标是该序列中的下一个单词。矩形包含一系列单元。每
个隐藏单元都投射到一个权重为 1.0 的上下文单元。每个上下文单元
输入每个隐藏单元，连接权重可修改。Elman 的模型有 26 个输入节点
和 26 个输出节点

的字符串，甚至更复杂的字符串，如 *boys who chase dogs see girls* 这种没
有明确语法规则的字符串。基于这个原因，简单循环网络被认为是联结主义
模型可以排除语法规则的有力证据。例如，P. M. Churchland（1995，p.143）
写道：

　　当然，该网络的生产力只是任何普通英语国家要求的巨大能力的一部分。但
是生产力就是生产力，显然循环网络可以拥有生产力。Elman 惊人的证据几乎解
决不了以规则为中心的语法方法和网络方法之间的问题。这需要一些时间来解决。
但冲突现在变得更加激烈。我对自己下注的地方毫不保密。

　　有这种热情的并非只有 Churchland 一人。1990 年至 1994 年的文献引用
调查显示（Pendlebury，1996），Elman（1990）对简单循环网络的讨论是心
理语言学中被引用次数最多的论文，也是心理学中被引用次数排名第十一位的
论文。

2.3 多层感知器是如何在认知架构的讨论中出现的

"联结主义网络可能是符号加工的替代方案"这一观点的突显缘于 J. A. Anderson 和 Hinton（1981，pp.30-31），他们写道："我们断言，符号加工隐喻可能是一种不恰当的思考计算过程的方式，这些过程是学习、感知和运动技能之类的能力的基础……还有一些替代模型，它们具有不同的计算方法，似乎更适合像大脑这样由多个并行计算的简单单元组成的机器。"在 Rumelhart 和 McClelland 于 1986 年发表了一篇有影响力的论文（1986a）后，这一观点变得更加突出。Rumelhart 和 McClelland 提出了一个双层感知器，可以捕获儿童习得英语过去时的某些方面。他们表示，模型可以"为……任何明确意义的（规则）提供一个可替代的方案"（有关讨论见 3.5 节）。在这本书的其他地方，Rumelhart 和 McClelland（1986，p.119）清楚地表明，他们与那些探索符号加工的联结主义实现的人保持距离。他们写道："我们没有将图灵机和递归处理引擎的 PDP 实现付诸实践（规范计算机符号加工），因为我们不同意那些认为这种能力是人类计算的本质的人。"

类似地，Bates 和 Elman（1993，p.637）提出，他们特殊的联结主义方法"与传统认知和语言学研究寻求规则或语法"的趋势背道而驰……（这些系统）看起来不像我们以前见过的任何系统"。而 Seidenberg（1997，p.1600）写道，他所提倡的这种网络"包含了一种新的知识表示形式，这种知识表示形式提供了一种替代方法，可以将语言知识等同于语法……这种网络不直接合并或实现传统语法"。

尽管这样的主张得到了大量的关注，但并不是每个主张多层感知器的人都否认符号加工在认知中起作用。另一种较弱但被普遍接受的观点认为，符号加工是存在的，但在认知中发挥的作用相对较小。例如，Touretzky 和 Hinton（1988，pp. 423-424）提出，对于符号加工而言，联结主义的替代方案有一个重要的作用："许多需要明确规则的现象可以通过使用连接强度来处理。"与此同时，他们也考虑到了实现规则的联结主义模型，他们写道："我们不相信（某些现象在没有规则的情况下可以处理这一事实）……无须在更类似于连续的、深思熟虑的推理的任务中对规则进行更明确的表示。一个人可以获知一个明确的规则，如 ' *i* before *e* but after *c* '，然后将这个规则应用到相关的情况。"

2.4　多层感知器的吸引力

不管多层感知器是对认知的最佳诠释，还是对认知的部分诠释，抑或是与对认知的诠释完全无关，很明显，它们已经获得了极大的关注。正如 Paul Smolensky 在 1988 年所写的那样（p.1）："认知模型的联结主义方法已经从一个只有几个真正信徒拥护的不为人知的小学派发展成为一场声势浩大的运动，以至于最近的认知科学协会会议已经看起来像是联结主义的动员集会。"

为什么这么多人关注这些模型？这并不是因为这些模型在捕捉语言和认知方面比其他模型表现得更好。大多数关于特定模型的讨论都将这些模型描述为可信的替代方案，但是除了关于阅读的某些方面的模型之外，很少有模型被描述为是唯一能够解释给定领域的数据的模型。正如 Seidenberg（1997，p.1602）所说的，"这种方法是新的，目前还没有什么切实的成果"。

2.4.1　初步的理论思考

因此，关于消除符号加工的争论并不是基于特定领域中反对符号加工的经验论证，而是基于人们可能认为的初步理论思考。多层感知器似乎特别吸引人的一个原因是，一些学者认为"它们比符号模型更符合我们所了解的神经系统"（Bechtel & Abrahamsen，1991，p.56）。毕竟，节点被松散地建模为神经元，节点之间的连接被松散地建模为突触。相反，从表面上看，符号加工模型并不像大脑，因此很自然地认为多层感知器可能是理解大脑和认知之间联系的更有效的方式。

支持多层感知器的另一个原因是，它们已经被证明能够表示非常广泛的函数。随着 Minsky 和 Papert（1969）对缺乏隐藏层的网络局限性的证明，早期对联结主义的研究实际上已经消亡；新一代模型的支持者对新模型更广泛的表示能力充满信心。例如，P. M. Churchland（1990）将多层感知器称为"通用函数逼近器"（另见 Mareschal & Shultz，1996）。函数逼近器是一种装置，它取一组已知的点，然后对未知点进行插值或外推。例如，在运动空间（以力和关节角度定义的空间）和视觉空间之间映射的设备可以被认为是学习一个函数；同样，动词的词干和它的过去式之间的映射也可以被认为是一个函数。实际上，对于任何一个给定的函数，都存在一些具有节点配置和权重的多层感知器可以逼近这个函数（见 Hadley，2000）。

还有一些人青睐多层感知器，因为它们似乎对先天结构的要求较少。对于那些被"孩子以相对较少的初始结构进入世界"的观点所吸引的研究人员来说，多层感知器提供了一种方法，使他们的观点在计算上显式呈现。例如，Elman 等人（1996，p.115）认为多层感知器模型提供了"模拟发展现象的新方式和……令人兴奋的方式……展示了领域特定的表示是如何从领域通用架构和学习算法中产生的，以及这些如何最终导致模块化过程成为开发的最终产品，而非起点"。

多层感知器也因其固有的学习能力（Bates & Elman，1993），以及其故障弱化的能力（它们可以忍受有限的噪声或损坏而不会出现严重故障）而备受关注（Rumelhart & McClelland，1986b，p.134）。还有一些人发现，多层感知器比符号感知器更简约。例如，关于儿童如何改变英语过去时，多层感知器认为儿童使用相同的机制来改变不规则（*sing-sang*）和规则（*walk-walked*）屈折；而基于规则的解释必须包括至少两种机制，一种是规则屈折，另一种是规则的例外。（关于语言屈折模型的进一步讨论见 3.5 节。）

2.4.2 对初步思考的评价

生物学的合理性、通用函数的近似等，显然有利于对多层感知器的初步思考，但实际上没有一个因素是决定性的。相反，正如在科学中经常出现的情况，初步思考并不足以解决科学问题。例如，尽管多层感知器可以近似一系列函数（如 Hornik，Stinchcombe & White，1989），但是不清楚范围是否足够广泛。Hadley（2000）认为这些模型不能捕获一类函数（称为部分递归函数），而有些人认为这些函数捕获了人类语言的计算特性。

无论这些模型在原则上是否能捕获足够广泛的函数，Hornik、Stinchcombe 和 White 的证明只适用于具有任意数量隐藏节点的网络。这样的证明并不能说明一个具有固定资源的特定网络（例如，一个具有 50 个输入节点、30 个隐藏节点和 50 个输出节点的三层网络）可以近似任何给定的函数。相反，这些证明表明，对于某个非常广泛的类中的每一个函数，都存在某种可以建模该函数的联结主义模型——可能每个函数有不同的模型。此外，这些证明不能保证在给定一定数量的训练集或具有一定数量的隐藏单元的情况下，任何特定的网络都可以学习该特定函数。他们无法保证多层感知器能像人类那样从有限的数据中归纳出结论。（例如，我们将在第3章中看到，尽管所有的多层感知器都可以表示恒等函数，但在某些情况下它们无法学习它。）在任何情况下，关于通用函数逼近器的所有论述可能都是没有根据的。大脑或任何实例化的网络都不能从字面上被看成通用函数逼近器，因为逼近任何函数的能力（不切实际地）取决于是否拥有无限资源[8]。最后，正如可以构建一些多层网络来近似任何函数一样，我们也可以构建一些符号加工设备来近似任何函数[9]。因此，讨论通用函数近似是一个转移注意力的话题，实际上并不能区分多层感知器和符号加工。

同样，至少从目前来看，对生物学合理性的考虑不能在实现符号加工的联结主义模型和消除符号加工的联结主义模型之间做出选择。首先，多层感知器在生物学上是合理的这一论点被证明是站不住脚的。反向传播的多层感知器缺乏像大脑一样的结构和分化（Hubel，1988），并且需要可以在兴奋性和抑制性之间变化的突触，而实际的突触不能如此变化（Crick & Asunama，1986；Smolensky，1988）。其次，多层感知器像大脑一样的方式（例如，它们由多个并行运行的单元组成）对于与符号加工一致的许多联结主义模型（例如将在第4章和第5章中讨论的时序同步框架或排列成逻辑门的McCulloch-Pitts神经元阵列）同样适用。

生物学上的合理性的另一面是生物学上的不合理性。有些人反对符号加工，理由是我们不知道它如何在大脑中实施（例如，Harpaz，1996）。但同样可以说，我们不知道如何在大脑中实现反向传播。宣扬生物学的不合理性是一种很容易产生误导的无知。例如，我们还不知道大脑是如何编码短期记忆的，但如果认为短期记忆的心理过程"在生物学上是不合理的"，那就错了（Gallistel，1994）。联结主义不应该盲目地坚持我们对生物学的了解，因为我们所知道的太少了。正如Elman等人（1996，p.105）所言，"显然，关于神经系统还有很多未知的东西，人们不希望建模总是落后于当前的科学状态。"到目前为止，关于生物学上的合理性和不合理性的考虑还不足以支持我们在模型之间做出选择[10]。简而言之，对于认知如何在神经基质中实现这一问题，没有人能保证正确的答案在我们看来是"生物学上合理的"。我们不能把目前生物学上看起来似乎合理的东西与生物学上看起来确实真实的东西混为一谈。

其他的初步思考同样不足以在架构之间做出选择。例如，学习的能力和故障弱化的能力都不是多层感知器独有的。建模学习是诸如 SOAR（Newell，1990）之类的规范认知符号模型和诸如 Pinker（1984）所描述的语法学习模型的核心。虽然一些符号系统对于退化输入是不鲁棒的，但其他符号系统对其是鲁棒的（Fodor & Pylyshyn，1988）。例如，Barnden（1992b）描述了一个对部分输入具有鲁棒性的符号类比推理系统。各种各样的符号加工机制——从检查传输信息准确性的纠错算法，到寻找与某个目标共享属性子集的项的系统——是否足以解释人类从退化输入中的恢复仍有待观察，目前，相关的经验数据还很少。

从逻辑上讲，与将要实现和不实现符号加工的联结主义模型之间的区别无关的另一个问题是，大脑是否包含大量固有的结构。尽管多层感知器通常具有的固有结构较少，但原则上可以预先指定其连接权重（实际在某种程度上已预先指定连接权重的系统示例，请参阅 Nolfi, Elman & Parisi，1994）。同样，尽管许多符号处理模型具有很多固有结构，但并非所有模型都具有固有结构（例如 Newell，1990）。

最后，尽管可以说多层感知器比符号模型更简约，但也可以说它们不那么简约。正如 McCloskey（1991）指出的那样，人们可能会争辩说，具有数千个连接权重的网络具有数千个自由参数。由于生物系统很复杂，因此先验地将自己限制在少数几个机制上可能并不明智。正如 Francis Crick（1988，p.138）所说："虽然奥卡姆剃刀在物理学中是一种有用的工具，但在生物学中是非常危险的工具。"在任何情况下，简约仅在足以覆盖数据的模型之间进行选择。由于目前缺乏此类模型，因此现在应用简约还为时过早。

简而言之，这些初步思考都没有强迫我们接受或拒绝多层感知器。由于此时它们既不能被接受也不能被拒绝，因此是时候开始基于其他理由对其进行评估了。我们还必须要面对一个棘手的问题，即多层感知器是否可作为符号加工的实现或替代品，这个问题比最初出现的时候要困难得多。

2.5 符号、符号加工器和多层感知器

首先，在研究我认为是什么真正区分了多层感知器和符号加工之前，很重要的是弄清楚一个转移注意力的话题。许多人认为多层感知器和符号加工器之间的关键区别在于后者使用符号，而前者不使用符号。例如，Paul Churchland（1990，p.227）似乎就暗示了这一点：

我们可以大胆地说，一个人的总体世界理论并不是一个大集合，也不是一长串存储的符号。确切地说，它是个体突触权重空间中的一个特定点。它是连接权重的配置，这种配置将系统的激活向量空间划分为相对于常规系统输入的有用的分区和子分区。

像《连接与符号》（Pinker & Mehler，1988）这样的书名似乎进一步加深了这种印象。但在这里，我想让你们相信，思考关于认知架构的不同观点并不是很有价值，因为这取决于大脑是否代表了符号。

问题在于定义符号含义的方法太多了。当然可以用符号加工器有而多层感知器没有的方式来定义符号这个术语，但是用符号加工器和多层感知器都有的方式来定义符号这个术语也很简单。甚至可能以一种既非经典的人工智能（AI）程序（通常被认为是符号加工器）亦非多层感知器有的方式来定义这个术语（关于后一种可能性的进一步讨论见 Searle，1992）。

在大多数人看来，一种符号在某种程度上就是一种表征。例如，*猫* 这个词是外部世界中代表猫的符号。（更确切地说，无论是对于世界上的猫还是对于猫的概念，这都不是该担心此类问题的地方。）提倡符号加工的人认为大脑内部有一些类似于外部符号（单词、停车标志等）的东西。换句话说，他们假设大脑内部存在物质或能量的精神实体模式，它们代表世界上的事物或者精神状态、概念或类别。

如果符号仅仅是一种心理表征，那么可能所有的现代研究者都会同意符号的存在。自 Skinner 以来，几乎没有人怀疑过存在这样或那样的心理表征。不那么明显的是，多层感知器的支持者至少致力于一种通常被认为是符号的心理表征：

类别或等价类的表征。

建立经典 AI 模型的程序员可能会分配特定的二进制位模式来表示猫的想法。构建多层感知器的程序员可能会分配一个特定的节点来代表猫的想法。在这两种方法中，CAT 的表示都是独立于上下文的：每当计算机模拟（无论是经典 AI 模型还是多层感知器模型）表示猫时，它都会做同样的事情。关于这种编码，所有猫都被等效地表示。

关于这一点，文献中有些混乱。例如，人们谈论 Elman 的句子预测模型时，就好像它的输入单词具有上下文相关的表征。但实际上，输入节点是上下文无关的（单词 *cat* 不管出现在句子的哪个位置，都会打开同一个节点）；而隐藏节点并不能真正代表一个单词，相反，隐藏单元代表句子片段。所以，*cat* 在 *cats chase mice* 和 *I love cats* 这两个句子中所用的隐藏单元并不是不同的，而是这两个特定的句子片段碰巧引起隐藏单元活动的不同模式。*cat* 本身的唯一表征是对输入单元 **cat** 的激活，并且激活是与上下文无关的。关于 Elman 模型的一个更普遍的版本是 Smolensky（1989，1991）声称联结主义者的"子符号"是上下文相关的，但是 Smolensky 从来没有确切说明这是如何工作的。他给出的表征的实际例子总是基于较低级别的特征，这些特征本身是与环境无关的。例如，*cup of coffee* 是基于上下文独立的特征，包括 +porcelain-curved-surface。因此，子符号 – 符号的区别似乎是一个没有区别的区别。

在这些讨论中还经常提到的是分布式和局部的区别。很多人认为多层感知器很特殊，因为它们利用了分布式表示。例如，CAT 可以用一组节点来表示，而不是用单个节点来表示，包括 +furry、+fourlegs、+whiskers 等。但并不是所有的多层感知器都使用分布式表示。例如，Elman 的句子预测模型对它所代表的每个不同的单词使用单一节点。此外，并不是所有的符号加工器都使用局部表示。例如，数字计算机是规范的符号加工器，其中一些规范的符号是分布式编码。在广泛采用的 ASCII 码中，大写字母 A 的每个实例由一组 1 和 0 表示（即 01000001），大写字母 B 的每个实例由另一组 1 和 0 表示（即 01000010）[11]。正如 Pinker 和 Prince（1988）所指出的，分布式音韵表征是生成音韵的标志（例如，Chomsky & Halle，1968）。

我的观点是，区分多层感知器和符号加工器的尝试不能基于诸如类别是否存在上下文无关的心理表征或心理表征是否分布这类问题。事实上，有人可能会说，我们应该在别处尝试区分多层感知器和符号加工器。例如，对 Vera 和 Simon（1994，p.360）来说，多层"联结主义系统肯定在重要方面不同于对人类认知的经典（符号加工）模拟……但是符号－非符号不是这种差异的维度之一"。

但是 Vera 和 Simon 的观点不是唯一可能的观点。另一些人则认为，符号化的基础远不止表示与上下文无关的类别的能力。例如，有一种观点认为，只有当某物能够出现在规则中，它才能成为符号（例如，Kosslyn & Hatfield，1984）；另一种观点是，一个符号必须能够参与某些类型的结构化表示（例如，Fodor & Pylyshyn，1988）。很明显，人们可能需要代表特定个体的符号（菲利克斯猫），而不是类别（CATS）。

我的观点是，这些情况只是指向符号可以表示的不同种类事物的分类——类别（CATS）、变量（x，例如对于所有的 x，x 是类别 y）、计算操作（+、-、连接、比较等）和个体（菲利克斯猫）。在我看来，一个可以对这四种事物中的一种使用表示的系统就算是拥有了符号。毕竟，任何给定的经典 AI 程序都可能只使用这四种表示的一个子集。例如，玩井字游戏的程序可能不需要任何结构化表示，也不需要种类和个体之间的区别，但可能需要变量和操作。由于多层感知器有与上下文无关的类别表示，我认为它们具有符号。

无论你是否同意我的观点，很明显，我们只是在拖延不可避免的事情。有趣的问题不在于我们是否想把一个具有与上下文无关的类别表示的系统称为符号，而在于大脑是否是一个表示变量、对变量的操作、结构化表示以及区分种类和个体的系统。

变量之间的关系

在一个简单的感知器中，模式先于"关系"被识别；事实上，抽象的关系，比如 A 在 B 上面或者三角形在圆里面，永远不会被抽象出来，而只能通过一种死记硬背的学习过程来获得，在这种过程中，每一种情况下，这种关系都被单独地传授给感知器。

——Rosenblatt（1962，p.73）

3.1 多层感知器模型和规则之间的关系：细化问题

计算机程序在很大程度上被指定为对变量的一系列操作。例如，客户订购的一组小部件的成本可以通过将表示每个小部件成本的变量的内容乘以表示小部件数量的变量的内容来计算：**总价 = 单价 × 订购数量**。

大脑会使用类似的方式吗？它是否有表示变量的方法以及表示变量之间关系的方法？符号加工的支持者认为答案是肯定的，我们使用开放式的模式，比如把动词变为进行时的方法是在其词干上加 ing（如 *walk-walking*）。因为这样的模式很像代数方程（prog=stem+ing），所以我将它们称为变量或代数规则之间的关系。

我们可以用"连续的、深思熟虑的推理"来操纵代数规则这一点似乎已经很清楚了，但并不是每个人都同意变量之间的抽象关系在语言和认知的其他方面起着重要的作用。例如，如前所述，Rumelhart 和 McClelland（1986a）的两层感知器试图解释儿童如何在不使用明确规则的情况下掌握英语的过去式[1]。

我在这里想做的是澄清多层感知器和对变量执行操作的设备之间的关系。据我所知，这种关系从来没有被明确说明过（在我自己早期的作品中绝对没有）。多层感知器和计算操作而不是计算变量的设备之间的关系比人们已经认识到的要微妙得多。对这一关系的进一步理解将有助于弄清大脑是否真的利用了对变量的操作，也有助于弄清这种操作如何在神经基质中实现。

为了最有力地证明大脑确实实现了对变量的操作，我将重点放在我所说的全称量化一对一映射（UQOTOM）上。术语全称量化和一对一来自逻辑和数学。当一个函数应用于其域中的所有实例时，它是全称量化的。例如，这样的函数可以被指定为，对于所有的 x，x 是一个整数，或者 x 是一个动词词干。如果函数的每个输出映射到其域中的单个输入，则该函数是一对一的。例如，在函数 $f(x) = x$ 中，输出 6 对应输入 6（没有其他）；输出 3252 对应输入 3252（没有其他）；等等。在函数 $f(x) = 2x$ 中，输出 6 对应输入 3（没有其他），以此类推。（非一对一函数的一个例子是多对一函数，例如，如果 x 是奇数，输出等于 1，如果 x 是偶数，输出等于 0。）

有两个特别重要的全称量化且一对一的函数是恒等式（$f(x) = x$，可与计算机机器语言中的复制操作相比较）和级联式（$f(x, y) = xy$，例如 past=stem 级联 ed）[2]。在接下来的内容中，我经常使用恒等式的例子，但恒等式只是众多可能的 UQOTOM 之一。

我并不是说 UQOTOM 是人们计算的唯一映射。但是 UQOTOM 对于后面的讨论特别重要，因为该函数的每个新输入都有一个新输出。因为对 UQOTOM 的自由泛化会妨碍记忆，所以人们（或其他生物）可以自由泛化 UQOTOM 将是支持人们（或其他生物）可以对变量执行操作这一论点的特别有力的证据。（UQOTOM 并不是唯一一种可以被合理地称为变量操作的心理操作。还可以对变量进行其他类型的操作，比如确定给定数是奇数还是偶数的操作。但由于很难确定这些案例中涉及的机制，所以我没有展开讨论。）

3.1.1 可以泛化 UQOTOM 吗

我认为，有充足的证据表明，可以泛化全称量化一对一映射。为了说明这一点，我从一个人为构造的例子开始。假设你接受了表 3.1 中给出的输入和输出数据的训练。在测试项目中，如果你像我问过的其他人一样，你会猜对应于输入 [1111] 的输出是 [1111]。但这不是你能得出的唯一结论。例如，在训练数据中，最右列总是 0——没有直接证据表明最右列可能是 1。因此你可以决定对应于测试项目 [1111] 的输出是 [1110]。这一推论也将与数据完全一致，但很少有人能做到这一点。（我们稍后会看到，有些网络确实如此。）描述人们倾向于得出的推论的一种方法是说，他们泛化了一对一函数，比如普遍的恒等式或单调函数。

表 3.1　输入和输出数据

训 练 项 目	
输入	输出
1010	1010
0100	0100
1110	1110
0000	0000
测 试 项 目	
1111	?

很容易找到更自然的例子。例如，我们可以用 ing 连接任何英语动词的词干（甚至是非常规发音的词干）来构成其进行时。例如，*walk-walking*，*jump-jumping*；在描述叶利钦可能对戈尔巴乔夫所做的事情时，可以用 *outgorbachev-outgorbacheving*。类似地，我们可以自由地应用 ed 过去式形成过程，其中使用 *wugg-wugged*（Berko，1958 年）和 *outgorbachev-outgorbacheved*（Marcus，Brinkmann，Clahsen，Wiese & Pinker，1995；Prasada & Pinker，1993）。

我们的造句过程似乎同样灵活，可以自由地泛化到新的案例。例如，我们可以将任何名词短语（例如，*the man who climb up a hill*）与任何动词短语（例如，*came down the boulevard in chains*）组合成一个句子[3]。同样，我们的直觉理论（Carey，1985；Gopnik & Wellman，1994；Keil，1989）似乎至少包含了部分可以自由泛化的有关世界的知识。例如，我们对生物学的部分认识是，（在其他条件相同的情况下）当动物生育后代时，其婴儿与父母属于同一物种（Asplin & Marcus，1999；Marcus，1998b）。可以自由地泛化这些知识，例如，可以推断出瞪羚（在东非发现的一种牛科动物）生下的是瞪羚。

UQOTOM 的另一个简单实例是重复。正如 Ghomeshi、Jackendoff、Rosen 和 Russell（1999）指出的那样，重复项（或立即重复项）存在于复数形式中（例如，在印尼语中，*buku*（书）的复数是 *buku-buku*），甚至在语法上也是如此。举例来说，Are you just shopping, or are you shopping-shopping？这句话的大致含义是：你是随意购物还是认真购物？（Dear reader, are you just reading this, or are you reading-reading it？）可以说，重复的反义词（也是 UQOTOM）是除重复之外的任何过程。例如，希伯来语构词法的一个约束是词根中相邻的辅音不能完全相同；Berent 和她的同事（Berent, Everett & Shimron, 2000；Berent & Shimron, 1997）的研究表明，说话者可以自由地将这种限制泛化到新事物上。

我自己最近的研究表明，自由泛化重复等模式的能力在人类发育的早期就有了根基。我和同事发现 7 个月大的婴儿可以自由地泛化（Marcus, Vijayan, Bandi Rao & Vishton, 1999）。在我们的实验中，婴儿听两分钟两种人造语法中的一个句子。例如，一些被试听到由 ABA 语法构造的句子，如 *ga na ga* 和 *li ti li*，而另一些被试听到由 ABB 语法构造的句子。在这两分钟的习惯化之后，让婴儿接触完全由新单词组成的测试句子。一半的测试句子与婴儿在过去两分钟听到的句子一致，一半则不一致。重点是测试婴儿是否能够从重复中提取出某种抽象的结构，并测试他们是否能够自由地泛化。为了评估这一点，我们测量了婴儿注视闪光灯的时间，这些闪光灯与播放测试句子的说话者有关。基于 Saffran、Aslin 和 Newport（1996）的前期工作，能够区分这两种语法并将其泛化为新单词的婴儿，在听到不一致的句子时会注视更长的时间。例如，受过 ABA 语法训练的婴儿在听到 *wo fe fe* 时注视闪光灯的时间长于听到 *wo fe wo* 时的时间。正如预测的那样，婴儿听到语法不一致的句子时，注视闪光灯的时间会更长，这表明婴儿确实对他们被训练的人工语法的抽象结构很敏感。因为测试句子中的单词和训练句子中的单词是不同的，我们的实验表明婴儿能够自由地泛化（而且他们可以在没有明确指示的情况下做到这一点）。

额外的实验表明，婴儿并不仅仅依赖于是否有及时重复的项目：婴儿还可以区分 AAB 语法和 ABB 语法。原则上，婴儿可以仅凭最后两个单词来进行区分，但是我在 Marcus（1999）中报告的试验数据显示，婴儿能够区分出在最后两个单词中没有区别的语法，比如 AAB 和 BAB。Gomez 和 Gerken（1999）还做了其他实验，发现 12 个月大的婴儿也有类似的能力。

尽管我认为自由泛化是有力的证据，但我并不是声称我们得到的自由泛化可以应用于其领域中的所有潜在实例之间。例如，我们在电机控制领域所做的一些泛化可能受到更大的限制。Ghahramani、Wolpert 和 Jordan（1996）进行了适应性实验，被试使用鼠标指向计算机生成的视觉目标。被试会收到反馈，但仅针对一个或两个特定位置。当他们指向这些位置之外时，则不会收到任何反馈。被试不知道，反馈（在提供反馈的一个或两个指定位置）被秘密更改。这种变化的反馈导致被试改变其指向行为，但不是在整个运动空间上均等地进行补偿，而是在其已接收反馈的位置最强烈地补偿了变化的视觉反馈。换句话说，被试的转移程度不是全面改变，而是随着与被训练位置的距离增加而迅速下降。在这种情况下，被试不是学习通用的东西，而是学习了一些似乎仅与可能的输入有关的东西。从更广泛的意义上讲，在存在泛化的每个领域中，存在一个经验性的问题，即泛化是否限于与训练项目非常相似的项目，或者泛化是否可以自由地扩展到某个类别中的所有新项目。

3.1.2 UQOTOM 的自由泛化：在可以执行变量操作的系统中

对于一个可以在变量上使用代数操作的系统，自然而然地就有了自由泛化。例如，我们从表 3.1 中提取的信息可以表示为全称量化一对一恒等映射表达式 $f(x)=x$。然后，通过将实例 1111 代入方程式右侧的变量 x 中，可以计算与测试项 $f(1111)$ 对应的输出。

通过这样的代入过程来定义，对变量的操作对于该变量的实例是熟悉的还是陌生的都无关紧要[4]。我们不在乎之前曾见过该变量的哪些实例，或者说我们并不关心它的实例。变量操作可以自由泛化到任何实例。

在表中查找某项内容并不意味着应用了变量之间的抽象关系。例如，如果有一个表，告诉我们第 1 项对应于 Adam，第 2 项对应于 Eve，第 3 项对应于 Cain，第 4 项对应于 Abel，那么正在执行的计算是对变量的一个系统的、无界的操作，这就没有什么有趣的意义了。代数规则不是记忆事实或特定实例之间关系的有限表，而是可以自由泛化到某些类中的所有元素的开放式关系。

3.1.3   在物理系统中实现变量操作

一个可以对变量执行操作的系统如何在物理系统中实现？一种简单的方法是使用一组桶。一个桶表示变量 x，另一个桶表示变量 y。给定桶的实例被指定为桶中的内容。为了让 x 等于 0.5，我们把表示变量 x 的桶填满一半。为了将变量 x 的内容复制到变量 y 中，我们实际上是将 x 的内容倒入 y 中。

给定的变量也可以通过使用多个桶来表示。例如，如果我们想让变量 x 表示零钱变化的数量，则可以用一个桶表示 25 美分的数量，一个桶表示 10 美分的数量，一个桶表示 5 美分的数量，还有一个桶表示 1 美分的数量。因此，货币总量由四个桶的集合表示。正如我们可以定义简单的全称量化一对一操作（比如在单桶情况下的复制），我们也可以在多桶情况下定义简单的全称量化一对一操作。这样做的关键是必须对每个存储桶并行执行相同的操作。要将变量 x（由四个存储桶表示）的内容复制到变量 y（由四个存储桶表示）的内容中，必须将表示 25 美分的 x 桶的内容复制到表示 25 美分的 y 桶中，10 美分、5 美分和 1 美分也是如此。该策略可以用拉丁词组 *mutatis mutandis* 来描述，大致意思为"根据需要重复，更改需要更改的内容"。

这种关于 *mutatis mutandis* 的基本见解是现代数字计算机如何实现变量操作的核心。就像在上述多桶示例中一样，计算机使用二进制寄存器集（有时称为比特）来表示数值和其他类型的信息。这些二进制寄存器可以被看作类似于总是满的或空的桶。在这些二进制位的集合上并行地定义操作。当程序员发出命令将变量 x 的内容复制到变量 y 中时，计算机会并行地将表示变量 x 的每个位复制到表示变量 y 的相应位中，如图 3.1 所示。

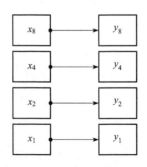

图 3.1   在计算机中实现"复制"操作的一种简单电路，用一组比特表示变量（这里是 x 和 y）

3.2　多层感知器和变量操作

清楚用单个桶编码变量和用一组桶编码变量之间的区别是有帮助的，因为多层感知器和变量操作之间的关系可以用上述桶编码的模式来理解（单变量操作对应单个桶编码，多层感知器对应一组桶编码）。本质上，关键问题在于特定网络中的给定输入变量是使用一个节点编码还是使用一组节点编码。

例如，考虑儿童对所谓的平衡杆问题的理解的各种模型所使用的编码方案。在这些问题中，儿童必须预测平衡杆的哪一边会掉下去。在这些模拟中，模型的输入包括四个变量：**左侧砝码的数量**、**左侧砝码到支点的距离**、**右侧砝码的数量和右侧砝码到支点的距离**。如图 3.2 所示，一种选择是为每个变量分配一个节点，任何给定的变量取诸如 1.0、2.0 或 3.0 的值（Shultz，Mareschal & Schmidt，1994）。另一种选择是为每个变量使用一组节点，每个特定节点代表特定数量的砝码（McClelland，1989）。

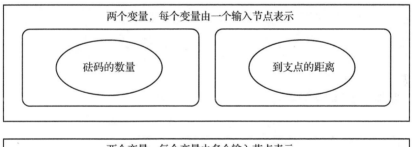

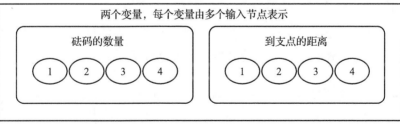

图 3.2　平衡杆任务的两种不同编码方式。上图：一种输入编码方案，其中单个节点用于每个变量的编码。下图：另一种输入编码方案，其中一组节点用于每个变量的编码。在上图中，砝码的数量和到支点的距离都在局部编码。在下图中，砝码的数量和到支点的距离都使用节点库以分布式方式进行编码。如果左侧有三个砝码，则上图所示的编码方案将激活砝码数量方案至 3.0 的水平，而下图所示的编码方案将激活至 1.0 的水平。砝码库中的 3 个节点表示砝码数。隐藏单元和输出单元未显示

无论是用一个节点还是多个节点对特定变量进行编码，这种差异与局部表示和分布式表示之间的差异是不同的。尽管所有使用分布式表示形式的模型为每个节点分配多个变量，但并非所有局部模型都为每个变量分配单个节点。实际上，大多数局部模型也为每个变量分配多个节点。以 Elman 的句子预测模型为例。这里，模型的输入是单个变量，我们可以将其视为**当前单词**。尽管该变量（例如 *cat*）的任何给定实例将仅激活一个节点，但是每个输入节点都可能指示变量当前单词的实例。例如，*dog* 的节点此时可能不处于激活状态，但是在显示另一个句子时可能处于激活状态。因此，句子预测模型是将多个节点分配给单个输入变量的局部模型的示例。同样，这里重要的不是输入单元的绝对数量，而是分配给代表每个输入变量的输入单元的数量。

对于上述对比分析，以及经常与其重合的模拟与二进制编码方案之间的对比，需要清楚二者的差异。实际上，许多为每个变量分配一个节点的模型依赖于连续变化的输入节点，而不是二进制输入节点（模拟编码），而使用多个节点的模型通常使用二进制编码方案。但是，输入变量可以由一个具有离散值的单个节点表示，也可以由一组具有连续活性值的节点表示。对于目前来说，重要的不是节点是模拟的还是二进制的，而是给定的变量是由单个节点还是多个节点表示。

3.2.1 为每个变量分配一个节点的模型

牢记每个变量分配一个节点的表示方案与每个变量分配一个以上节点的表示方案之间的区别（并清楚地将其与局部编码和分布式编码区分开），我们现在可以考虑表示并泛化变量操作的多层感知器和系统之间的关系。

正如我在第 1 章中说过的那样，我的结论可能与你的预期不同。我认为既不是多层感知器不能表示变量之间的抽象关系，也不是它们一定表示变量之间的抽象关系。诸如"多层感知器不能代表规则"，或者"多层感知器总是代表隐藏的规则"之类的简单声明根本不正确。实际情况更为复杂，部分原因在于它取决于给定模型的输入表示的性质。

为每个输入变量分配一个节点的模型与为每个输入变量分配多个节点的模型的行为非常不同。为每个输入变量分配一个节点的模型比为每个变量分配多个节点的模型更简单（有一些注意事项）。事实证明，每个变量一个节点的模型可以（注释 5 中有说明）且必须表示全称量化一对一映射[5]。例如图 3.3 所示的模型，如果连接权重为 1.0（以及斜率为 1、截距为 0 的线性激活函数），则可以表示并自由泛化恒等函数。在激活函数相同但连接权重为 2.0 的情况下，该模型可以表示和自由泛化函数 $f(x) = 2x$，或者任意形式的函数 $f(x) = mx + b$，每个函数都是 UQOTOM。

图 3.3　用一个节点来表示每个变量的网络

从这样的事实（先不考虑注意事项）——这种模型只能表示 UQOTOM 而无法表示其他函数——可以直接得出结论，学习算法可以做的全部工作就是在一个全称量化一对一映射与另一个映射之间进行选择，例如 $f(x) = x$，$f(x) = 1.5x$，$f(x) = 2x$，依此类推。这样的模型不能学习任意映射。（例如，他们无法学习将指定某人在电话簿中的字母顺序的输入数字映射到指定该人的电话号码的输出。）因此，它们提供了关于如何在变量中实现变量操作的候选假设，针对的是如何在神经基质中实现变量操作，而不是消除变量之间抽象关系的表示的心理架构。

3.2.2　为每个变量分配一个以上节点的模型

为每个变量分配多个节点的模型也可以表示全称量化一对一映射（例如，参见图 3.4 的左侧），但它们不必这样做（参见图 3.4 的右侧）。当这样的网络表示恒等式或其他 UQOTOM 时，它表示变量之间的抽象关系，也就是说，这样的网络实现了代数规则。

多层感知器的拥护者可能会抵制我在这里提出的主张，因为我声称某些多层感知器（例如图 3.4 的左侧）实现而不是消除了代数规则。然而，事后看来，我的主张显而易见，甚至很普通。毕竟，使用图 3.4 左侧所示的一组连接来实现恒等（即复制）函数的网络与实现复制功能的数字逻辑芯片的布线图基本相同。

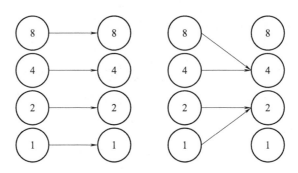

图 3.4　UQOTOM 和多对一映射模型，用一组节点表示单个变量。左侧：从单个输
入变量到单个输出变量的一对一映射。右侧：从多个输入变量到单个输出
变量的多对一映射。只显示了非零权重的连接

到目前为止，我的陈述纯粹是关于表示，而不是泛化。概括起来，为每个
变量分配一个节点的模型（不用考虑非线性激活函数和其他表示方案）别无选
择，只能代表变量之间的抽象关系；而为每个变量分配多个节点的模型有时代
表变量之间的抽象关系，有时不代表变量之间的抽象关系——它们表示的是其连接
权重的函数。在为每个变量分配多个节点的多层感知器中，一些连接权重表示
UQOTOM，一些权重表示多对一映射，而其他的权重可以表示纯任意映射。

因此，为每个变量分配多个节点的多层感知器是相当灵活的。有人可能会问，
这种灵活性是否暗示每个变量多节点的多层感知器是实现类神经基质中变量之间
抽象关系的最佳方式。在下一节中，我的观点是，它们的灵活性既是一种优势也
是一种劣势，而劣势的严重性足以使人们寻找替代方案来实现神经（或类神经）
基质中的变量之间的抽象关系。

学习。每个变量多节点的模型的灵活性导致了学习内容的灵活性。该模型可
以学习 UQOTOM，也可以学习任意映射。但是它学习的内容取决于学习算法的
性质。最常用的反向传播学习算法不为 UQOTOM 分配特殊状态。相反，通过反
向传播训练的每个变量多节点的多层感知器只有在看到 UQOTOM 与每个可能的
输入和输出节点相关时才能学习 UQOTOM，如恒等、乘法或级联。

例如，如前所述，表 3.1 中的数据可以被看作恒等函数的说明。但是这些数
据并不能说明恒等函数的所有可能的例子。相反，它们只说明了恒等函数实例的
系统受限子集：在每个训练案例中，目标输出中的最右列都是 1，而不是 0。

如果我们从几何的角度来考虑这个问题，可以把可能输入的集合称为输入空间，把模型接受训练的输入集合称为训练集，而把集中训练集的输入空间称为训练空间。最右列为 0 的输入（无论它们是否在训练集中）在训练空间内，但最右列为 1 的输入在训练空间之外。（如果我们将表 3.1 中的输入解释为二进制数，则偶数在训练空间内，奇数在训练空间外。）

通过反向传播训练的每个变量多节点的多层感知器可以在训练空间内泛化一对一映射，但是假设输入是二进制的（例如 0 或 1、1 或 + 1、+cat 或 cat 等），则它们无法在训练空间外对一对一的映射进行泛化[6]。

例如，在最近的一系列模拟中，我发现如果图 3.5 中所示的简单网络只针对最右列为 0 的输入进行训练，那么它就不会将恒等式泛化到最右列为 1 的输入（Marcus，1998c）。相反，无论最右列是 1 还是 0，模型总是返回最右列为 0 的输出。例如，给定输入 1111，模型通常返回 1110，这种推断在数学上是合理的，但与人类通常的做法明显不同。

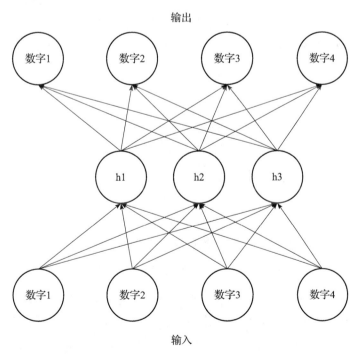

图 3.5　一种具有分布式输入和输出表示的多层网络

一般来说，网络无法判断是否统一处理所有四列。人们可能不会总是统一地对待这些列，但在某些情况下肯定会这样做，而且这些情况会给由反向传播学习算法训练的每个变量多节点的模型带来困难。

训练独立性。更正式地，我们可以说，通过反向传播训练的每个变量多节点的多层感知器不能泛化节点之间的一对一映射。这是因为从一个重要的意义上说，反向传播产生的学习是局部的。正如 McClelland 和 Rumelhart（1986，p.214）所说，这些模型"基于局部信息改变了一个单元与另一个单元之间的连接"。这种局部性的结果是，如果模型暴露于简单的 UQOTOM 关系（例如恒等）下，某些输入子集就会有某些节点不受训练，那么该模型不会将 UQOTOM 函数泛化到其余节点。

事实上，每个变量多节点的多层感知器不能将 UQOTOM 函数泛化到位于训练空间之外的节点，这是由定义反向传播的方程得出的结论。这些方程引出了两个属性，我称之为输入独立性和输出独立性，或者统称为训练独立性（Marcus，1998c）。输入独立性是关于如何训练来自输入节点的连接。首先，当输入节点总是关闭（即设置为 0）时，从该节点发出的连接将永远不会改变。这是因为等式中的一项决定了从输入节点 x 到网络其余部分的给定连接的权重变化的大小总是乘以输入节点 x 的激活；如果输入节点 x 的激活为 0，则连接权重不会改变。通过这种方式，对于从未打开的输入节点所产生的连接，所发生的情况与其他输入节点所产生的连接是独立的。（如果输入节点从未变化，但设定为一些不为 0 的值 v，此时数学模型的计算会变得更加复杂。但就经验来看，在这种情况下，模型不会学习到任何输入节点和输出节点的关系，除了会将输出节点一直输出为输入值 v）。

输出独立性是指送入输出单元的连接。调整送入输出单元 j 的权重的方程取决于单元 j 的观测输出和单元 j 的目标输出之间的差异，但不取决于任何其他单元的观测值或目标值。因此，网络调整送入输出节点 j 的权重的方式必须独立于调整送入输出节点 k 的权重的方式（假设节点 j 和节点 k 是不同的）。这并不意味着输出节点之间不存在任何依赖关系，而是其依赖关系的唯一来源是它们对隐藏节点的共同影响，但这是不够的。在最好的情况下，输出节点对输入到隐藏层的连接的共同影响可能在某些情况下导致对隐藏节点的正确编码。我们可以把这些隐藏单元看作准输入节点。关键在于，无论准输入单元的选择多么恰当，网络都必须学习这些准输入节点与输出节点之间的映射。由于后一步是独立完成的，因此输出节点对输入到隐藏层的连接的共同影响不足以让网络在节点之间泛化 UQOTOM。

训练独立性使得其他标准的联结主义学习算法以相似的方式运行。例如，Hebbian 规则确保来自输入单元的权重设置为 0 且不会改变，因为权重变化是通过将输入单元的激活乘以输出单元的激活再乘以某个常数来计算的。同样，乘以 0 可以保证不会进行学习。当 Hebbian 算法调整送入某些输出节点 j 的权重时，所有节点（$k \neq j$）的激活都不相关，因此，由 Hebbian 算法训练的每个变量多节点的感知器不会泛化节点之间的 UQOTOM。

将新函数扩展到已经训练好的节点。训练独立性不仅限制了网络泛化到从未使用过的节点的能力，还限制了网络在已知节点（两个特征值都出现在输入中）之间泛化的能力。例如，考虑图 3.6 所示的模型。我训练了这个网络来做两种不同的事情。如果最右边的节点被激活，模型将复制剩余的输入；如果最右边的节点没有被激活，模型将把其余的输入反向（即将每个 1 转换为 0，将每个 0 转换为 1，例如将 1110 转换为 0001）。

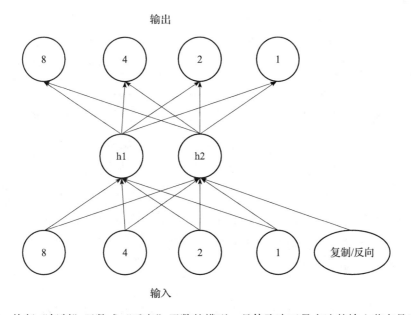

图 3.6　执行“复制”函数或“反向”函数的模型，具体取决于最右边的输入节点是否激活

我针对所有 16 种可能的输入对这个网络进行反向训练，然后针对"数字 4"等于 0 的情况对它进行了恒等训练。像以前一样，尽管在反向函数中对"数字 4"输入节点有丰富的经验，但该网络无法泛化到 1111。从一个节点到另一个节点的传输问题不仅限于未经训练的节点：使用局部算法（例如反向传播）训练的网络永远不会在节点之间传输 UQOTOM。

训练独立性、数学建模。强调一下，训练算法本身没有缺陷。这些局部学习算法不是数学上的偏差，而是一种归因于训练数据完全正确的归纳法。例如，给定训练数据，最右边的数字将为 1 的条件概率恰好为 0。因此，该模型以数学上合理的方式扩展了条件概率。

如果任何情况下生物都不可以自由地基于有限的输入进行泛化，那么训练独立性可能不是问题。在被试不能自由泛化的任务中，独立进行训练的模型实际上可能比只学习适用于类的所有实例的关系的模型更可取。一个具有训练独立性的局部算法，只有在被用来捕获生物可以自由泛化的现象时反而是一个不足之处。在生物不能自由泛化的情况下，有可能局部算法是合适的。

但是在某些情况下，似乎人类可以从有限的数据中自由泛化，并且在这些情况下，通过反向传播训练的每个变量多节点的多层感知器是不合适的。这个事实值得指出，因为关于认知科学的联结主义模型的文献中充斥着通过反向传播训练的每个变量多节点的多层感知器模型，并且其中许多模型旨在解决心理活动方面的问题，在这些活动中，人类似乎可以从不完整的输入数据中自由泛化。例如，Hinton 的家谱模型（在第 2 章中进行了描述）试图学习兄弟姐妹之类的抽象关系。显然，人类可以自由泛化这种关系。人类如果知道张三是李四的哥哥，那么也一定知道李四是张三的弟弟。但是这种关系的对称性在 Hinton 的家谱模型中消失了：每个新人都必须由一个新节点表示，每个新节点都被独立对待，因此网络无法推断出李四一定是张三的弟弟。（在 Hinton 关于家谱模型的讨论中，并未解决在训练空间之外进行泛化的问题。Hinton 对模型的测试始终在训练空间之内，即测试该模型是否可以推断出某个家庭成员的某些事实，其中许多事实是已知的。他从未对张三 - 李四这样的案例进行过测试。）

同样，Elman 的句子预测模型似乎直接针对人类可以自由泛化的案例，即我们如何获得类别之间的语法关系。为了说明训练独立性会以某种方式破坏句子预测模型，在 Marcus（1998c）中，我给出了一系列模拟，其中我用若干句子来训练句子预测模型，例如 *a rose is a rose*、*a lily is a lily*、*a tulip is a tulip*。对于句子片段 *a blicket is a ___*，人类会预测空缺处为 *blicket*，但是我的模拟显示 Elman 的网络（假设每个单词由一个单独的节点表示）做不到这一点。（再一次说明，问题不是关于新节点本身，而是关于在节点之间泛化 UQOTOM。在该实验的后续研究中，我证明了对简单循环网络来说，用类似于 *the bee sniffs the blicket* 和 *the bee sniffs the rose* 这样的句子进行预训练，并不能推断出 *a blicket is a ___* 的空缺处是 blicket。）

在一份答复中，Elman（1998）模糊了这些问题，他给出了句子预测网络在训练空间内可以泛化非一对一映射函数的一种方式。但是，表明句子预测网络可以泛化非一对一函数并不符合我的观点，即这样的网络不能泛化（训练空间外的）一对一函数。最重要的是，人类可以自由泛化一对一映射，但那些为每个变量分配多个节点并使用局部学习算法训练的多层感知器模型却不能。对于这些情况，我们必须寻求替代模型。

3.3　表示变量和实例之间绑定的替代方法

当人们可以在受限数据的基础上自由泛化 UQOTOM 时，通过反向传播训练的每个变量多节点的多层感知器就会遇到问题。但这并不意味着任何类型的模型都不能从受限数据中获得自由泛化。

一般来说，系统需要具备五个属性。第一，系统必须有办法区分实例与变量，就像数学教科书用不同的字体表示变量和常量一样。第二，系统必须能够表示变量之间的抽象关系，类似于 $y = x + 2$ 这样的方程。第三，系统必须能够将特定实例绑定到给定的变量，就像变量 x 可以被赋值 7 一样。第四，系统必须能够操作任意的实例变量，例如，加法操作必须能够将任何两个数字作为输入，复制操作必须能够复制任何输入，级联操作必须能够结合任意两个输入。第五，系统必须能够在训练示例基础上提取变量之间的关系。

3.3.1　在多层感知器中使用节点和活性值进行变量绑定

我们已经看到了一个满足这五个条件的简单模型：其中一个输入节点连接到一个输出节点（使用线性激活函数）。在这个模型中，变量与实例的表示方法区分明确：节点表示变量，活性值表示实例。连接权重表示变量之间的关系（例如，如果输出变量总是等于输入变量，则为 1.0）。绑定由活性值表示。网络的结构保证了变量的所有实例都将以相同的方式处理。学习算法（不管是反向传播算法还是 Hebbian 算法）受到了限制，它所能做的就是改变单个连接的权重；每个可能的（可调节的）连接权重值只是表示变量之间的不同关系。因此，该模型可以在非常少的训练实例的基础上自由泛化恒等关系。

尽管每个变量一个节点的系统很容易表示诸如恒等函数或乘法之类的函数，但这样的系统很难表示许多其他重要的一对一映射。例如，要实现将动词及其后缀组合在一起的操作，或将语法树的一部分与另一个部分连接的操作，这些都并非轻而易举的过程。因为一个节点可以表示的操作相当有限，所以值得我们去考虑替代方案。

那么，那些用节点集表示变量的更复杂的模型呢？实例依然由活性值表示，不同的是，只有一些连接权重集实现了统一应用于所有可能实例的操作。与反向传播这样的学习算法结合在一起并不是一件好事，因为正如我们所见，UQOTOM 并没有泛化到训练空间之外。但这并不意味着不能使用另一种不同的学习算法。Goldrick、Hale、Mathis 和 Smolensky（1999）致力于开发学习算法，放松导致训练依赖的局部假设条件。现在全面评价他们的方法还为时过早，但这个学习算法显然值得进一步研究。如果他们成功了，一个重要的开放问题将是，学习算法最终是提供对变量进行运算的方法还是其替代方案。

3.3.2　联合编码

在多层感知器中，给定变量的当前实例化是由激活的模式表示的。还有许多其他可能的方法可表示变量与其当前实例之间的绑定。一种可能是将特定节点分配给变量和实例的特定组合。例如，当且仅当句子的主语是 *John* 时，节点 A 才会被激活；当且仅当句子的主语是 *Mary* 时，节点 B 才会被激活；当且仅当句子的宾语是 *John* 时，节点 C 才会被激活。这种类型的系统提供了一种临时绑定变量和实例的方法，但它本身并不是实现变量操作的方法。为此，需要一些额外的机制。

看来联合编码在我们的心理活动中扮演了某种角色。例如，Goldman-Rakic 和其他人（Funashi，Chafee & Goldman-Rakic，1993）指出，当特定物体出现在特定位置时，某些神经元被强烈激活。假设这些神经元在特定位置对物体的组合进行联合编码，似乎没有什么不合理的。

但大脑也必须依赖其他技术来进行变量绑定。联合编码自然不允许表示变量和新实例之间的绑定。*Dweezil is the agent of loving* 这一事实，只有在有一个节点表示 agent-of-loving-is-Dweezil 时才能被表示出来。似乎不太可能假设所有必要的节点都预先指定了，但认为存在一种机制可以动态地制造任意的连接节点似乎也有问题。此外，联合编码方案可能需要不现实的大量节点，其数量与变量的数量乘以可能实例的数量成比例。（正如第 4 章中将讨论的，如果实例可能是复杂的元素，比如 *the boy on the corner*，这就特别令人担忧。）

3.3.3 张量积

进行联合绑定的一种更通用、更强大的方法是 Smolensky（1990）提出的张量积。张量积是表示变量和实例之间的绑定的一种方式。张量积（本身）不是表示变量之间关系的方式，也不是对变量进行操作的方式。需要进一步的机制来表示或扩展变量之间的关系。我在这里不讨论这种机制，而只关注张量积如何表示变量和实例之间的绑定。

在张量积的表示方法中，每个可能的实例和每个可能的变量都由一个向量表示。通过应用类似于乘法的过程来表示特定变量和特定实例之间的特定绑定。所得的组合（张量积）是较大维数的向量。

为了说明模型如何编码变量 agent 和实例 *John* 之间的绑定，让我们假设 *John* 由向量 110 表示，agent 由向量 011 表示。图 3.7 展示了 *John* 在 *y* 轴上的编码和 agent 在 x 轴上的编码。得到的表示其绑定的张量积（对应于图右上角的 3×3 节点组）就是二维向量。

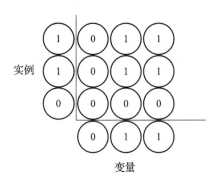

图 3.7   变量（agent）和实例（*John*）之间绑定的张量积表示

张量积与简单的联合方案（如上一节中所述）的不同之一是给定节点的角色。在简单的联合方案中，每个节点专用于单个特定绑定的表示（例如，仅当 *John* 是 agent 时打开一个节点，如果 *Peter* 是 agent 则打开另一个节点，以此类推）。相反，在张量积方案中，每个节点都参与每个绑定。

张量积方案比简单的联合方案具有至少两个突出的优点。首先，它可能更有效。简单的联合方案需要 $i \times v$ 个节点，其中 i 是实例数，v 是变量数。张量积方案需要 $a \times b$ 个节点，其中 a 是编码实例的向量的长度，b 是编码变量的向量的长度。如果有 128 个可能的实例和 4 个可能的变量，则张量积方案会更加有效，需要 7 + 2 + 14 = 23 个节点，7 个节点代表实例，2 个代表变量，14 个代表两者的任何可能组合。而简单的联合方案需要 128 × 4 = 512 个节点。其次，当新的实例被添加进来时，张量积方案可以更轻松地应对。假设可以为新实例简单分配一个新向量，表示包含该实例的绑定，只需将新向量插入预先存在的张量积机器中即可。尽管有这些优势，但第 4 章将提出张量积并不能解释我们如何表示递归结构。

3.3.4 寄存器

到目前为止讨论的绑定方案的一个缺点是没有提供存储绑定的方法。所创建的绑定都是暂时的，通常被认为是系统当前输入的结果。我们还需要一种编码方法来对变量和实例之间进行更永久的绑定。

一种方法是使用具有两种或更多稳定状态的设备。例如，数字计算机经常使用触发器——二进制或双稳态设备，这些设备可以被设置为开或关，然后在不需要进一步输入的情况下保持该状态。（寄存器不必是双稳态的，它们只需要有一个以上的稳定状态。例如，机械收银机使用的记忆元件有 10 个稳定状态（0，1，2，…，9）。这些记忆元件分别代表 1 美分的数目、10 美分的数目、1 美元的数目以及 10 美元的数目，以此类推。如果寄存器在人脑中使用，它们可能是双稳态的，就像数字计算机中的一样，但也可能不是；我不知道有任何直接证据可证明该问题。）

寄存器是数字计算机的核心；我的观点是，寄存器对人类认知也是至关重要的。有几种方法可以在神经基质中构建稳定但快速更新的寄存器。例如，Trehub（1991）提出，自我反馈的细胞可以有效地作为快速更新的双稳态装置。这个想法起源于 Hebb（1949）关于"细胞组装"的概念。Calvin（1996）提出了一个相关的建议：一套可以作为寄存器的六角形自激细胞组件。

沿着这些思路，应该清楚的是，尽管多层感知器不直接提供寄存器，但利用节点和连接构造双稳态寄存器是一件很容易的事情。真正需要的是一个能够反馈到自身的单个节点。正如 Elman 等人（1996，p.235）所说，只要有正确的连接权重，一个自馈节点就成为一个双稳态设备。如果输入是 0，输出趋向于 0；如果输入是 1.0，输出趋向于 1.0。如果输入是 0.5，我们可以认为这是没有写入内存的操作，输出往往保持不变。一旦输入信号消失，模型趋向于在一个或另一个吸引点（0.0 或 1.0）保持稳定。然后，模型将在吸引点保持稳定，就像一个触发器。这里的关键是在更结构化的网络中使用自馈节点作为内存组件。虽然可以使用简单的自连接节点作为一个操作变量的更为复杂的系统的一部分，但标准的多层感知器不会区分处理组件和内存组件。

虽然人们通常认为知识是通过细胞间（突触）连接权重的变化来存储的，但在逻辑上，知识可能是存储在细胞内的。一个给定的神经元可以通过调节细胞内部的基因表达来存储值。例如，我们知道细胞具有表明其类型的记忆（Rensberger，1996），细胞分裂时，其记忆类型通常由后代继承。这些机制或其他机制（如离子通道的相互调节（Holmes，1998））可以提供细胞内的寄存器基础。

寄存器（不管它们是如何实现的）不仅可以为变量绑定提供基础，更一般地说，也可以为我们在一次试验中学习的记忆类型提供基础。如此快速更新的记忆显然在我们的心理活动中扮演着重要的角色。一个典型的例子来自 Jackendoff 和 Mataric（1997，p.12）：

> 早上上班时，我把车停在停车场 E，而不是平时常用的停车场 L。晚上下班时，如果我不够专心，可能会前往停车场 L。但是，如果我很快想到"车停在哪里"这个问题，我就会记起来，并正确地前往停车场 E。在这里，尽管我的车与停车场 L 的关联在我的脑中被训练得根深蒂固，但是我还是记得去过一次停车场 E 的事实。

任何支持这些日常体验的快速更新的神经回路也可以用来支持存储变量实例的寄存器[7]。

3.3.5　时序同步

尽管我猜想一些寄存器（至少一部分）是仿照人脑分区（如细胞、脑回路、亚细胞组件）进行构建的，但文献中也提出了其他几种构建方式。其中最引人注目的一种方式是通过时间而不是空间来进行寄存器的构建（Hummel & Biederman，1992；Hummel & Holyoak，1993；Konen & von der Malsburg，1993；Shastri & Ajjanagadde，1993），这种方式就是时序同步，也被称为动态绑定。

在这类时序同步框架中，实例和变量都由节点表示，并且每一个节点都随时间变化而在打开和关闭之间振荡。如果一个变量及其对应的实例在某个时钟的周期中被同时触发，则认为该变量已绑定到其实例。例如，假设我们想将 Sam（实例）绑定到 agent-of-selling 的角色（变量）。如图 3.8 所示，变量 agent-of-selling 和实例 Sam 的节点在一个时钟的周期中同时振荡。(与此同时，book 和 object-of-selling 也产生了共鸣，但与 Sam 和 agent-of-selling 处于不同的相位。)

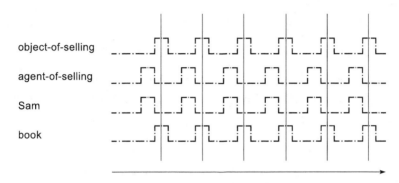

图 3.8　*Sam sold a book* 在时序同步框架下的表示方式。其中，*x* 轴表示时间。当且仅当变量（agent-of-selling）和实例（Sam）同步振荡时，它们才被绑定。在此示例中，book 和 object-of-selling 是同步的，Sam 和 agent-of-selling 也是如此。灰色竖线表示与 book 和 object-of-selling 对应的振荡中的峰值同步性

时序同步仅是一种变量和实例之间的绑定方式，而不是对这些实例执行操作的方式。幸运的是，我们有可能建立起对这些绑定进行操作的机制。例如，Holyoak 和 Hummel（2000）的研究表明，使用时序同步来表示变量绑定的类比推理系统可以泛化本章前面所述的恒等任务。类似地，Shastri 及他的同事（Mani & Shastri，1993；Shastri & Ajjanagadde，1993）的研究显示了时序同步如何在快速推理中发挥作用。(在本章后面将看到，Shastri 和 Chang 在 1999 年的研究结果已经表明了时序同步如何在模拟婴儿实验的结果中发挥作用（Marcus et al.，1999）。)

以上想法源自 von der Malsburg（1981）和 Singer 等（1997）的研究。他们的研究表明神经元活动的同步性可能在神经计算中起着重要的作用。(当然，并非所有人都同意这个观点，怀疑的观点可以参考 Shastri 和 Ajjanagadde（1993）在《行为和脑科学》杂志上的评论。)

我个人的观点是，时序同步可能在视觉的某些方面发挥作用，例如对对象的各个部分进行分组，但是我怀疑它是否在认知和语言中起了同样重要的作用。时序同步框架的一个潜在局限性在于，这样的系统可能只能清楚地保持一小部分有限的相位，通常估计少于 10 个相位。因此，这样的系统只能同时代表一小

部分绑定。当然，关于短期记忆，相位数量的限制可能是一种优势。Shastri 和 Ajjanagadde（1993）提出，对相位数量的限制可以在快速推理中捕获限制规则（请参见 Lange & Dyer，1996），而 Hummel 和 Holyoak（1997）则表示相位数量的限制解释了类比计算中出现的一些现象。但是这些研究同时也表明，作为表示变量及其实例之间长期绑定的一种方式，时序同步是不够的。在长期记忆中，我们可能拥有数百万个绑定（例如，谁对谁做了什么事情的事实），但没有人可以解释大脑能保持数百万个不同相位的原因。我将在第 4 章中讨论一个涉及复杂结构表示的限制规则。

3.3.6　讨论

在本节中，我提出可以将一个在细胞内或者细胞间实现的寄存器系统作为代表变量绑定的基质。但是，即使我是对的，即使我们知道寄存器依赖哪种神经基质的支持，我们也远远不了解抽象变量之间的关系是如何表达及泛化的。

变量是整个系统的一部分，但对这些变量的操作又是另一部分。为了说明其中的差异性，我们可以想象计算机的寄存器和指令之间的区别：寄存器负责存储变量的值，而指令（如"copy"和"compare"）则会操作这些变量和数值。我的直觉是，大脑包含类似的基本指令库，每个指令都定义为对寄存器值的操作。

即使我的直觉是正确的，即使我们可以准确地识别出大脑的基本心理指令集，但依旧存在一个重要的开放问题：这些指令是如何组合在一起的？换句话说，如何实现对变量的操作？数字计算机依赖程序员编写控制指令来完成任务。一般来说，通过使用编译器或解释器可以简化他们的工作，因为这些编译器或解释器会将诸如 C++ 或 Java 之类的编程语言转换为符合底层处理器操作的机器语言。

在某些情况下，思维可能取决于某种模糊的事物，因为我们可以在不知不觉中将高层次的描述翻译为某种大脑可用的格式（Hadley，1998）。例如以下描述：当单词不包含字母 e 时，重复我说的每一个单词；若单词包含字母 e，则拍拍你的手。但是另一些情况下，我们会根据训练实例来提取变量之间的关系，而不是给出详尽的高级描述。无论哪种方式，当我们学习新功能时，大概率都是在一些基本指令的组合中进行选择。

无论哪种研究，在找出大脑基本指令及其组合方式这个问题上我们依然还有很长一段路要走，但是至少现在可以着手准备了。到目前为止，我在本章中已经展示了向量编码和局部训练算法的融合不足以说明自由泛化。不管你是否对我提出的基于寄存器的替代方案感到满意，我都希望可以说服你一点，即问题不在于大脑是否对变量执行操作，而在于它是如何执行的。

3.4 案例研究 1：婴儿期的人工语法

为了进一步说明可以表示变量间抽象关系的系统的重要性，在本章的剩余部分中，我将考虑两个已经提出了大量的联结主义模型的领域。在这些领域中，模型的泛滥使我们不得不思考，特定模型的哪些架构特性对它们的操作并不是至关重要的。

第一个案例研究来自 3.1 节中描述的 *ga ti ga* 婴儿实验。自这些结果发表以来不到一年的时间里，研究者至少提出了九种不同的模型。在比较这些模型之前，我想说明一下，我和我的同事并没有反对所有可能的神经网络模型，尽管诸如 Shultz（1999）之类的研究人员错误地将"神经网络模型无法解释关于婴儿习惯化的数据"这一说法归因于我们，但我们从未这样说过。相反，正如原始报告中所说的那样，我们的目标不是"否认神经网络工作的重要性"，而是"试图刻画正确的神经网络架构必须具有的特性"（Marcus，Vijayan，Bandi Rao & Vishton，1999，p.80）。

实际上，有很多方法可以尝试在神经网络基质中验证我们的结果。问题在于，正确的神经网络能否实现变量、实例及其对应的操作。这个问题之所以复杂，是因为并非每个相关模型的作者都清晰地描述了这一问题。现在让我们来看一下这些模型，并尝试了解它们是如何工作的[8]。

3.4.1 不包含变量操作的模型

简单循环网络。我将第一个模型称为非模型，这是我自己构思的模型。我只是简单地使用了 Elman 的句子预测网络，并表明它不能（不变地）捕捉婴儿实验的结果。为了遵循 Elman 采取的总体策略，我将婴儿任务设置为预测任务。也就是说，在训练过程中，每次赋予模型一个句子中的一个单词，模型的目标是预测该句子中的下一个单词。例如，给定句子片段 *ga ta*，在 ABA 条件下，模型的预测目标为 *ga*，而在 ABB 条件下，模型的预测目标为 *ta*。该模型成功预测的标准是看其能否预测出诸如 *wo fe* 之类的新句子片段后续的单词（例如，在 ABA 条件下的预测目标为 *wo*）。

考虑到本章前面有关训练独立性的讨论，我发现该模型无法正确预测出后续的单词。这不足为奇，因为按照 Elman 的标准做法，每个新的词都将由一个新节点表示。由于句子预测网络不会在节点之间进行泛化（不考虑前面介绍过的隐藏单元的问题），因此该模型无法预测句子片段的后续单词。由于模型底层训练是独立的，导致该模型无法捕获婴儿实验的数据，因此，无论学习率如何，无论有多少隐藏节点，也无论存在多少隐藏层，简单循环网络都无法捕获婴儿实验的结果。

但是，可能有人会问，分布式表示（每个节点表示的不是单词，而是单词的一部分）是否可以解决此问题。确实，当我第一次描述训练独立性问题以及它们如何破坏某些类型的联结主义模型时，常见的回答都是建议使用分布式表示来解决这些问题。例如，Elman（1998，p.7）对我较早的一个讨论的回应是，"局部表示对于 Marcus 所关注的联结主义模型是有用的，但不是必需的"，这意味着分布式表示或许可以使网络克服训练独立性问题。

但是这并不意味着使用分布式表示不需要付出代价。利用分布式表示的模型可能会遇到一个问题，即叠加灾难（Hummel & Holyoak，1993；von der Malsburg，1981）。这个术语指的是当人们试图用同一组资源同时表示多个实体时发生的事情。举一个简单的例子，假设我们将 *a* 表示为 [1010]，将 *b* 表示为 [1100]，将 *c* 表示为 [0011]，将 *d* 表示为 [0101]。给定这样的表示方案，单个单元集将无法确定是否激活 *a* 和 *d*，因为这两个单元的组合 [1111] 也将是 *b* 和 *c* 的组合。正如 Gaskell（1996，p.286）所观察到的结果："分布式系统无法从字面上实现局部的激活模型。"

解决叠加灾难问题对于句子预测网络来说十分重要，因为网络的目标是表示一组可能延续的单词，并且网络需要明确地做到这一点。例如，如果模型对"*cats chase mice*""*cats chase dogs*"以及"*cats chase cats*"这些句子进行训练，则对"*cats chase*"这个句子片段的最佳响应是同时激活 *mice*、*dogs* 和 *cats*。如果输出表示是局部的，则网络仅需要同时激活相关节点。但是，如果输出表示是真实分布的（名词和动词真实重叠），则激活所有仅是名词的词语的难度将大大增加。毕竟，根据假设，表示名词的资源将与表示动词的资源重叠。例如，如果分布式表示对音节进行了编码，那么激活出现在名词中的所有声音就等于激活出现在动词中的所有音节。因此，通过音节分布式表示来表示单词的模型通常无法区分名词和动词。

即使对于更任意的分布式表示也是如此。例如，在一份未发表（但广为流传的）的技术报告中，Elman（1988）测试了简单循环网络的一个版本，与后来发布的版本相反，该版本使用分布式输出表示形式。在该版本中，每个单词都编码成一个随机的 10 位二进制向量。例如，单词 *woman* 被编码为 [0011100101]，单词 *cat* 被编码为 [0101110111]，单词 *break* 被编码为 [0111001010]，单词 *smell* 被编码为 [1111001100]。由于不同单词的表示可能会产生重叠，因此无论模型执行什么操作都不可能明确表示出给定字符串可能的延续结果。该模型可以做到的最好的事情是猜测延续词是所有名词的平均值，但是如果模型遵循真正的随机分配，则该平均值对应于某个特定名词的可能性与对应于某个动词的可能性相同。（实际上，由于单词的编码是随机分配的，根据概率定律，随着词汇量的增加，名词的平均值和动词的平均值会逐渐接近。）实际的结果是，如果使用随机输出的表示方式，则句子预测网络的输出节点无法区分名词和动词。Elman（1988，p.17）的报告称分布式输出网络"训练结束时的性能（按性能衡量）不是很好"，在经过五轮10 000 个句子训练之后，"网络仍然犯了很多错误"。

叠加灾难也使 Hinton 的家谱模型与分布式输出表示不兼容。举个例子，*Penny 是 X 的母亲*，那么 *X* 是谁？正确答案是 *Arthur 和 Victoria*。在家谱模型的局部输出中，该模型仅需要同时激活 Arthur 节点和 Victoria 节点。但分布式输出模型却无法确定合适的激活目标。例如，想象一下，Arthur 的编码仅通过输入节点 1 和 2 激活，Victoria 的编码通过节点 3 和 4 激活，Penny 的编码通过节点 1 和 3 激活，Mike 的编码通过节点 2 和 4 激活。为了表明 Arthur 和 Victoria 都是 Penny 的儿子，那么这个家谱模型的分布式输出版本需要激活节点 1、2、3 和 4，而这与用来表示 Penny 和 Mike 的节点完全相同。

总而言之，只有当需要泛化的项具有模型所学习到的特征时，分布式表示才会有所帮助。我们设计了关于婴儿学习研究的第二个和第三个实验，即通过二进制语音特征（+/− 浊音、+/− 鼻音等）对输入进行编码的模型，但依旧无法捕获婴儿实验的结果。例如，测试词的发声特征有所不同（例如，A 词为浊音，B 词为清音），但是习惯化词均为浊音，因此无法证实浊音和清音之间有直接的关联性。正如我在句子预测网络的进一步模拟中所确认的那样，从局部编码输入更改为语音编码输入没有任何作用。（网站 http://psych.nyu.edu/gary/science/es.html 上提供了我使用句子预测网络进行模拟的更多详细信息。）

尽管句子预测网络无法直接预测出测试样例的后续句子片段，但 Christiansen 和 Curtin（1999）宣称句子预测网络的微小变体可以捕获我们的数据。他们的模型本质上与语音编码的句子预测网络相同，但附加了一个单词边界单元。他们声称可以为我们的数据建模的依据是，相对于描述一致的单词而言，他们的模型在测试时能更好地预测描述不一致的单词边界，这可以作为一种解释我们的实验结果的模式（这种方式与更进一步的假设相一致，即当单词边界容易找到时，婴儿注视闪光的时间更长）。但是 Christiansen 和 Curtin 的研究暗含了一个假设前提，即婴儿可以在测试项目中分辨出单词的边界，而在习惯化项目中则无法分辨。这种完全没有动机的假设毫无意义，因为在习惯化和测试过程中单词之间的间隔是相同的（250 毫秒）。此外，Christiansen 和 Curtin 没有提供该模型应该显示其特定偏好的原因：为何语法与可分割性呈负相关？实验结果有可能只是噪声，Christiansen 和 Curtin 没有对其主要结果进行统计检验[9]。

具有"权重冻结"功能的简单循环网络。 Altmann 和 Dienes（1999）对简单循环网络进行了轻微改动，这使得该模型能更鲁棒地捕获我们的结果。模型如图 3.9 所示。在许多方面，该模型就像一个标准的句子预测网络。它们具有大致相同的架构，其前提假设（逐个输入句子中的单词，模型目标始终是句子中未输入的下一个单词）也是一致的。Altmann 和 Dienes 对模型的讨论中有一处可能不太明显，就像标准的句子预测网络一样，Altmann-Dienes 网络实际上无法在首次试验中预测给定测试片段的后续单词。相反，Altmann 和 Dienes 声称他们的模型可以基于某种节省效应来捕获婴儿实验的结果。节省是心理学家用来描述在第一组训练下学习第二组项目的优势的术语。Altmann 和 Dienes 表明，学习一致的测试项目比学习不一致的测试项目可以节省更多的资源。例如，Altmann-Dienes 网络通过训练 *ga ta ga* 类型的句子学习 *wo fe wo* 的速度会快于学习句子 *wo fe fe*。

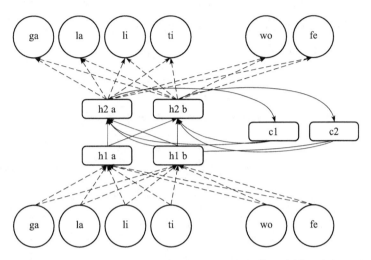

图 3.9   Altmann 和 Dienes（1999）的简单循环网络变体。该模型包括一个附加的隐藏层，以及一种可以在训练时有选择地冻结隐藏层之间的连接权重及隐藏层到上下文单元的连接权重的机制。在习惯化阶段，除 h2 到 c1（固定为 1.0）之外的所有连接都可以自由变化。在测试阶段，仅虚线连接可以变化

目前尚不清楚该模型为何会显示出节省效应，但基于一些先导实验，我认为该节省效应是鲁棒的，并且可能源于该模型与原始简单循环网络之间的两个主要差异：一个额外的隐藏单元层和一个外部模块，在测试期间"冻结"两个隐藏层之间权重。

额外的隐藏层意味着 Altmann-Dienes 模型不是学习输入单元之间的关系，而是学习输入的隐藏单元编码之间的关系。换句话说，Altmann-Dienes 模型中的第一个隐藏层（即更靠近输入节点的那一层）与第二个隐藏层具有相同的关系，就像标准简单循环网络中的输入节点和该类型网络的（唯一）隐藏层具有同样的关系一样。这样做的结果是，馈送到输出单元节点的层，学习到的不是输入单元之间的关系，而是隐藏层对输入单元编码的关系。

就其本身而言，附加的隐藏层和原模型之间并没有什么区别：训练独立性仍然适用。但是，附加层与新的权重冻结机制结合在一起，并且两者的结合似乎使得学习一致的项目比不一致的项目更容易。如果测试项与习惯化项一致，则模型

可以通过强制一组测试单词来触发与原始输入单词集所引起的模式相对应的隐藏单元活动模式，从而获取新的测试语句。由于模型已经"知道"如何处理这些编码，因此学习相对有效。相反，如果给定的测试项与习惯化项不一致，则模型必须学习新的编码以及这些编码之间的新关系。冻结隐藏层 1 到隐藏层 2 的权重会削弱此过程，因此模型在学习一致项上具有优势。

尽管 Altmann-Dienes 模型（1999）[10] 捕获了 Marcus、Vijayan、Bandi Rao 和 Vishton（1999）报告的经验结果，但该模型并未完全体现出 Marcus 等人的精髓。故结论为：它不能真正派生出 UQOTOM。例如，在模拟中，我发现使用 Altmann-Dienes 模型训练类似 *la ta la* 这样的句子时，可以预测一个婴儿在 *ta la ta* 之类的一致性项目上比在 *ta la la* 之类的不一致项目上所注视的时间更长，这显然是因为模型认为 *la* 可能是第三个单词。现实中，我怀疑对婴儿的研究结果可能会相反。

尽管我尚未测试过这个特定预测，但我和 Shoba Bandi Rao 进行了一个类似的测试（也从模型中得出）——将新的婴儿数据与新的模拟数据进行比较。在模拟中，所有的习惯化项都与原始实验中的项相同。我给模型提供了将 *wo fe wo* 映射到 *ga ti ga* 的机会，然后在 *fe wo wo* 和 *fe wo fe* 上对其进行测试。该模型很可能是由有关最后一个单词的信息驱动，而不是由抽象的 ABA 结构驱动，因此实验支持上文中的 *fe wo wo* 结果（换句话说，该模型预测婴儿在 *fe wo fe* 上的注视时间更长）。

相反，我们发现婴儿注视 *fe wo wo* 的时间比注视 *fe wo fe* 的时间长（Marcus & Bandi Rao，1999）。因此，虽然 Altmann 和 Dienes 架构确实为最初 Marcus 等人的研究提供了真实可替代的解释，但它并不能真正提取出 UQOTOM，而且我们的其他数据表明，它似乎并未说明婴儿的实际行为。婴儿似乎自由泛化了 ABA 序列，忽略了诸如 *wo* 是否出现在第三个单词处之类的事实，而 Altmann-Dienes 模型只能驱动更具体、更一般的信息类型。

3.4.2　包含变量操作的模型

由外部监督模块训练的简单循环网络。这个模型由 Seidenberg 和 Elman

（1999a）提出，该模型由两部分组成：一个简单循环网络和一个外部监督模块。模型中的部分网络很像本章之前描述的简单循环网络，但它们的系统是不一样的。尽管标准版本 SRN 的训练使了用环境中容易获取的信号（句子的下一个词），但是 Seidenberg 和 Elman 的模型通过一个能应用同或规则的外部监督模块来训练（同或规则：给定两个变量 x 和 y，当 $x = y$ 时输出 1，否则输出 0）。

由于包含同或规则的外部监督模块区分开了可正常运转的系统和与其几乎相同但不能正常运转的系统，因此规则看起来是整个系统的关键组成部分[11]。可惜的是，Seidenberg 和 Elman（1999a）并没有说明如何在神经基质中实现监督模块的规则，因此通过他们的模型，我们几乎不知道规则是如何在神经基质中实现的。

使用节点作为变量的前馈网络。Shultz（1999）的研究展示了自动关联网络（目标始终与输入相同的一种网络）如何捕获我们的结果。该模型成功的关键在于编码方式。Shultz 使用每一个节点作为一个变量来表示句子中的特定位置，而不是表示特定单词（如句子预测网络）或是否存在特定的语言特征（à La Seidenberg and Elman，1999a）。换句话说，Shultz 使用了一个节点对应一个变量的编码方式。

总而言之，Shultz 使用了三个输入节点和三个输出节点，每一个节点对应一个单词位置。一个输入节点表示输入句子的**第一个单词**变量，另一个表示**第二个单词**变量，剩下一个表示**第三个单词**变量[12]。同样，每个输出节点也表示一个特定的单词[13]。节点充当了变量的角色，而节点的值表示特定的实例。例如，如果第一个单词为 *ga*，则 Shultz 将第一个节点值设置为 1；如果第一个单词为 *li*，则 Shultz 将第一个节点值设置为 3；如果第一个单词为 *ni*，则 Shultz 将第一个节点值设置为 7。

如前所述，只要连接输入节点和隐藏节点，并设置其连接权重为 1，便可简单地实现将一个变量的内容复制到另一个变量的操作。由于这种连接关系对所有可能情况的处理方式都一样，所以复制操作同样适用于输入变量的所有可能的实例。

Shultz 模型的任务是自动关联。其度量标准是输出单元与输入单元的接近程度。这个想法的基础是，相较于与训练不一致的输入，该模型能更好地自动关联（复制）与习惯化项一致的输入。

尽管 Shultz 并未提供相关网络实际使用的权重信息，但很容易看出该网络是如何利用代数规则来捕获结果的，即实现为一些变量的所有实例定义的操作。例如，图 3.10 展示了简化的 Shultz 模型实现变量操作的过程。

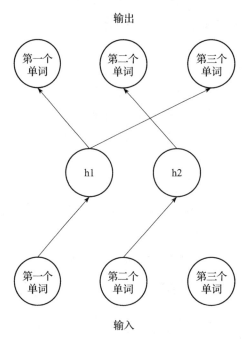

图 3.10   Shultz（1999）模型的简化版本。这组权重在使用节点表示变量的前馈网络中对 ABA 语法进行编码，以替代特定的单词或单词集的属性。相较于ABB 句式，该模型能更好地自动关联 ABA 句式

Negishi（1999）在一项类似但稍微复杂的研究（发表时间早于 Shultz 1999 年的论文）中展示了一个经过修改的简单循环网络如何使用表示变量的节点来捕获我们的结果。Negishi 的模型比 Shultz 的模型更复杂一些，部分原因是每个单词都通过两个变量进行编码，但是总的节点依旧相同：模型依赖于使用节点作为变量，并且连接操作必须应用于类的全部实例，而不是指向仅适用于包含某些特定特征的元素。

Gasser 和 Colunga（1999）提出了关于该主题的更复杂的变体。作者使用了一组微关系单元组，其中，每一个单元编码用于记录两个特定项之间的异同点。比如，一个微关系单元可以根据第一个单词和最后一个单词之间的相似程度做出响应。实际上，这些微关系单元的工作方式类似于微处理器中的指令，该指

令可计算任意两个数字（x 和 y）之间的余弦。最重要的是，这些微单元的行为不取决于经验，而是像微处理器中那样，预先定义 x 和 y 的所有可能实例。正如 Gasser 和 Colunga 所指出的那样，他们的模型将能够使用此类单元捕获我们的结果。

时序同步模型。Shastri 和 Chang（Shastri，1999；Shastri & Chang，1999）实现了另一种模型。与 Altmann-Dienes 模型以及 Shultz 模型所不同的是，该模型并不是作为反对婴儿表示的代数规则的论据，而是为如何在神经基质中实现这些规则提出了明确的建议。在时序同步框架中，Shastri 和 Chang 使用一组节点表示时间变量（**第一个单词，第二个单词，第三个单词**），使用了另一组节点表示语音特征（**＋浊音**等）。规则表示为变量之间的连接。实质上，**第一个单词**与**第三个单词**连接中的隐藏节点表示 ABA 规则。这种方式强制**第一个单词**与**第三个单词**同步谐振，从而将它们绑定到相同的实例。

抽象循环网络。另一种方法是使用寄存器。实际上，图 3.11 中所描述的 Dominey 和 Ramus（2000）的抽象循环网络模型正是这样做的。Dominey 和 Ramus 测试了没有类似寄存器组件的模型可能出现的情况。他们发现，该模型的无寄存器版本无法捕获我们的结果，但结合寄存器以及将这些寄存器的值与当前输入值进行比较操作的版本却可以做到。Dominey 和 Ramus（2000，p.121）的结论支持了我们的观点（或许勉强）："尽管像 Seidenberg（1997）一样，我们仍然觉得输入的统计正确性经常被忽略，但 Marcus 等人的实验和我们的模拟表明，学

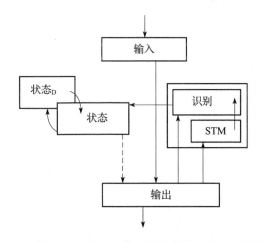

图 3.11　Dominey 和 Ramus（2000）的抽象循环网络。经出版商许可转载

习不能简化为发现表面的统计规律。"相反，他们注意到可以捕获结果的模型版本与不能捕获的版本有所不同，其不同之处在于前者"包括识别功能，这是一个比较器，并且通常采用非关联机制"（对所有变量都应用相同操作）。

3.4.3 总结

我们应该清楚的底线是：联结主义模型成功的原因在于，它成为一种表示可应用于类内所有实例的操作的工具。如表 3.2 所示，那些不能实现真正的变量操作的联结主义模型无法捕获我们的实验结果，而所有实现变量操作的模型都可以捕获我们的结果。

表 3.2　婴儿规则学习模型

模型	架构	编码方式	依赖包含规则的外部设备	使用分布式语音特征集	包含应用于所有实例的操作	捕获自由泛化的新项
Marcus（见文中）	简单循环网络	局部或分布式	否	是	否	否
Altmann & Dienes（1999）	修正后的简单循环网络	局部	否	不适用	否	否（见文中）
Christiansen & Curtin（1999）	简单循环网络	分布式	否	是	否	否（差异小，暂无可靠结论）
Dominey & Ramus（2000），Model A	抽象循环网络	局部	否	不适用	否	否
Dominey & Ramus（2000），Model B	时序循环网络	局部	否	不适用	是	是
Negishi（1999）	修正后的简单循环网络	模拟	否	不适用	是	可能是
Seidenberg & Elman（1999a）	简单循环网络	分布式	是	是	是（教师）	可能是
Shastri & Chang（1999）	时序同步	分布式	否	是	是	可能是
Shultz（1999）	前馈网络	模拟	否	不适用	是	可能是

3.5　案例研究 2：语言屈折

语言屈折可能是唯一的范围更广的联结主义模型测试案例。与其他经验性综述相比，Elman 等人（1996）对联结主义模型的发展进行了回顾，他们花了大量的篇幅介绍语言屈折。他们至少提出了 21 种不同的模型，多数模型集中在对英语过去时态的研究。

3.5.1　经验数据

这些模型应该选择使用哪些经验数据呢？上述文献中的大多数经验数据都是在 Pinker 和 Prince 最初提出的模型上下文中收集的，这些数据由包括我本人在内的几个人进行维护。该模型包括一个基于规则的模块和一个联想记忆模块。其中，基于规则的模块用于规则动词屈折，如 *walk-walked*；联想记忆模块可能类似感知器，用于不规则动词屈折，如 *sing-song*、*go-went* 等。从这个角度来看，不规则模块优于规则模块。和该模型相一致的是，大量证据表明，规则和不规则的行为有本质的不同（Berent, Pinker & Shimron，1999；Clahsen，1999；Kim, Marcus, Pinker, Hollander & Coppola，1994；Kim, Pinker, Prince & Prasada，1991；Marcus，1996b；Marcus, Brinkmann, Clahsen, Wiese & Pinker，1995；Marcus et al.，1992；Pinker，1991，1995，1999；Pinker & Prince，1988；Prasada & Pinker，1993；Ullman，1993）。例如，Prasada 和 Pinker（1993）的研究表明，不规则模式的泛化对存储形式的相似性敏感，而规则模式的泛化则对此不敏感。把新动词 *spling* 变为 *splang*（类似 *sing* 和 *ring* 这类不规则动词）似乎比把新动词 *nist* 变为 *nast*（与任何一类不规则动词变化都不相似）看起来更自然，尽管两个动词词干的元音变化相同。相比之下，将 *plip* 变为 *plipped*（类似 *rip*、*flip*、*slip* 这类规则动词变化）也比将 *ploamph* 变为 *ploamphed*（与任何一类规则动词变化都不相似）显得更为自然。进一步的证据还表明，规则和不规则的行为分别在人脑的不同区域进行处理（Jaeger et al.，1996；Pinker，1999；Ullman, Bergida & O'Craven，1997），并且在患者人群中可能会（双倍概率）出现大脑区域处理分离的情况（Marslen-Wilson & Tyler，1997；Ullman et al.，1997）。

接下来，我将使用三个标准来评估竞争模型。第一个标准是，模型应该能够为新词自由添加后缀 ed，甚至对于那些不熟悉的元音变化也要求做到。例如，Berko（1958）的研究表明，将新词变为过去式时，儿童倾向于在其后面添加 ed 后缀。如新词 *wug*：*This is a man who knows how to wug. What did he do yesterday*？*He _____*。同样，成年人看起来似乎能在任何音调的单词后添加 ed 后缀。即使我们不知道任何其他发音与 outgobachev 相似的动词，我们可能也会说出 *Yeltsin outgorbacheved Gorbachev* 这样的句子。与添加后缀 ed 的规则相关的进一步证据表明，儿童似乎可以将这种规则应用于与不规则动词同音的动词词干中。当人们被要求回复 *This is a ring. Now I am ringing your finger.What did I just do*？这个问题时，成年人（Kim，Pinker，Prince & Prasada，1991）甚至 3 岁儿童（Kim，Marcus，Pinker，Hollander & Coppola，1994）均回复 *You just ringed my finger* 而不是 *You just rang my finger*。

第二个标准和频率相关。尽管添加后缀 ed 是英语动词屈折中最常见的方法，但是无论根据动词的数量（类型）还是动词出现的次数（符号）来计算频率，默认添加 ed 的定性状态（可以将其添加到不常见的发声词后，也可以添加到名词衍生出的动词后，等等）看起来似乎并不取决于其高频的使用。相反，我们发现了类似德文中复数 -s 的情形，在德文中，-s 后缀仅适用于不到 10% 的名词（通过类型或符号衡量），但它的形态变化方式和英语中的默认屈折本质上是一样的（Marcus，Brinkmann，Clahsen，Wiese & Pinker，1995）。例如，我们会说 *Last night we had the Julia Childs over for dinner*，而母语为德语的人却会说 *I read two Thomas Manns* 而不是 *two Thomas Männer*。因此，即使规则模式并不比不规则模式更常见或者说更不常见，一个适当的模型也应该产生类似默认的效果。

评估竞争模型的第三个重要标准是，当人们的确使用了默认后缀时，几乎总是将其应用于动词的词干而不是词干的变体。例如，儿童在 breaked 上犯错的频率是 broked 的十倍。同样，给定一个新词 spling，成人可能会将其变化为 splang 或者 splinged，但是他们几乎不会将这个新词变化为 splanged（Prasada & Pinker，1993）。因此，一个合适的模型应该避免类似 splanged 这种将后缀 ed 添加到动词词干以外的混合形式[14]。

3.5.2　三个标准的运用

哪些模型最适合捕获这些经验数据？在讨论人工语法学习模型的同时，我再次提出：适合的模型必须包含能表示变量间抽象关系的某种机制。在本章的剩余部分，我将回顾关于屈折的联结主义模型，并将其分为可明确实现变量之间的抽象关系的模型、不可明确实现变量之间的抽象关系的模型，以及被认为是符号加工的替代品但最终实现了变量之间抽象关系的模型。

表 3.3 列出了 21 个屈折系统的联结主义模型，其中绝大多数是多层感知器。表 3.3 详细说明了它们的架构、编码方式和训练方式。接下来将对它们进行分类和评估。

表 3.3　过去时态模型

模 型 类 型	参 考 文 献	输　入	输　出
前馈网络	Rumelhart & McClelland（1986a）	音韵	音韵
前馈网络	Egedi & Sproat（1991）	音韵	音韵
前馈网络	MacWhinney & Leinbach（1991）	音韵	音韵
前馈网络	Plunkett & Marchman（1991）	音韵	音韵
吸引子网络	Hoeffner（1992）	语义和语法	音韵
前馈网络	Daugherty & Seidenberg（1992）	音韵	音韵
前馈网络	Daugherty & Hare（1993）	音韵	音韵
前馈网络	Plunkett & Marchman（1993）	音韵	音韵
前馈网络	Prasada & Pinker（1993）	音韵	音韵
前馈网络	Bullinaria（1994）	音韵	音韵
简单循环网络	Cottrell & Plunkett（1994）	语义	音韵
前馈网络	Forrester & Plunkett（1994）	动词 ID	类别 ID
前馈网络	Hare & Elman（1995）	音韵	类别 ID
混合网络（见文中）	Hare & Elman（1995）	音韵	音韵
混合网络（见文中）	Westermann & Goebel（1995）	音韵	音韵
前馈网络	Nakisa & Hahn（1996）	音韵	类别 ID
前馈网络	O'Reilly（1996）	语义	音韵
前馈网络	Plunkett & Nakisa（1997）	音韵	类别 ID
前馈网络	Plunkett & Juola（1999）	音韵	音韵
混合网络（见文中）	Westermann（1999）	音韵	音韵
前馈网络	Nakisa, Plunkett, & Hahn（2000）	音韵	音韵

　　明确实现变量之间抽象关系的模型。很少有模型能明确实现一个规则－记忆系统，这非常符合我和 Pinker 所提倡的观点。最接近我们的模型是由 Westermann 和 Goebel（1995，p.236）根据 Pinker（1991）的"规则关联记忆假设"提出的，该模型包含了一个用作短期存储器的模块，该模块用于表示"对偶框架的规则路径"以及用于实现不规则词汇的音韵词典（见图 3.12）。

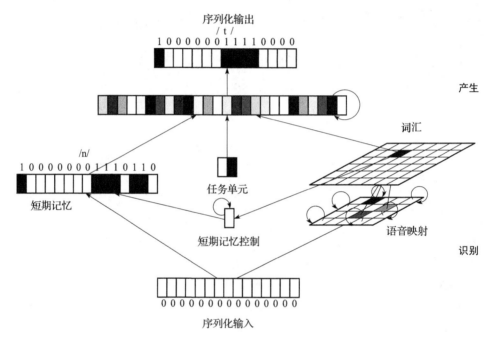

图 3.12　Westermann 和 Goebel（1995）的语言屈折模型。语音映射（右）是关联不规则的一种方式。短期记忆（左）是复制词干的一种方法，它实现了在词干上添加后缀的部分过程。©Cognitive Science Society，Inc. 经许可转载

　　他们的模型至少在某种程度上能够捕获默认情况，即规则动词类型的出现频率不明显大于非规则动词类型的词汇。该模型使用仅约 52% 的规则动词的语料库进行训练，其中，语料库中的动词按照类型分类（45% 的动词通过符号衡量）。模型可以将规律泛化至四个动词中具有三个新词（这三个新词与训练单词的音韵不同）的情形。

　　Westermann（1999）后来提出的模型也能够捕捉到一个事实，即人们可以将规则屈折模式自由泛化为新的词干。与 Westermann 的早期模型一样，新的模型

也建立在两条路线上。在此之后的模型中，一条路线取决于变量之间的抽象关系，该关系被定义为一组复制权重。这些复制权重在输入之前有效地构建在恒等函数中，它们可以确保该模型能够复制任何动词的词干，这甚至在模型训练之前同样有效。类似于 Goebel 和 Westermann 的早期模型，Westermann 的新模型能够捕获默认屈折对新词的自由泛化和非正常音韵的动词词干，并且即使在没有高频规则屈折的情况下，它也可以做到这一点。

提供真正替代规则的模型。尽管 Westermann 的这些规则至少在捕获经验数据方面做得十分合理，但是大多数有关屈折的联结主义模型都是为了提供替代规则而提出的。例如，Rumelhart 和 McClelland（1986a）提出了第一个也是最著名的关于屈折的联结主义模型。正如前面所看到的，这些作者提出的模型是"一种明显的替代观点，这种观点认为儿童可以从任何显性意义上学习英语过去式的规则"（p.267）。Rumelhart 和 Mc Clelland（1986a，p.267）抛弃了挑战，他们旨在表明"对于合理解释习得过去时态，我们可以不依赖于'规则'的概念，而仅需通过对语言的描述就可做到"。

如图 3.13 所示例如，Rumelhart 和 McClelland（1986a）的模型通过接收输入的语音编码并将其转换为另一个语音编码输出来达到目的。例如，在给定的条件下，模型的输入是单词 *ring* 的语音描述，其目标输出则是单词 *rang* 的语音描述。单词由三部分组成，称为 Wickelfeature。略微简化，单词 *sing* 由同时激活三元组 *#si, sin, ing, ng#* 表示，其中 # 是单词开头或结尾的特殊标记。

与许多关联器不同的地方是，Rumelhart-McClelland 模型缺少隐藏单元。但该模型表现出色，捕获了一些有趣的定性现象。例如，尽管该模型没有任何明确表示的规则，但它在某些新动词上添加了 *ed*，从而产生了类似 *breaked* 和 *taked* 的"过度规则化"。同样，该模型在开始过度规则化之前就产生了一些正确变形的不规则动词。

尽管如此，现在已经广泛认为该模型存在严重缺陷。例如，模型能否在过度规则化之前使用捕获的正确规则[15]，这取决于从一个几乎完全不规则的输入单词到几乎完全规则的输入单词的不真实性以及突然的变化（Marcus et al.，1992；Pinker & Prince，1988）。模型的另一个问题是在新词上的泛化效果不是很好，泛化的结果会生成奇怪的混合词，例如 *mail* 的过去式 *membled*、动词词干 *smeeb* 的过去式 *imin*（Prasada & Pinker，1993）。除此之外，该模型用来表示一个单词的 Wickelfeature 系统无法区分某些单词对，例如澳大利亚奥恩坎格兰语的单词 *algal*（"straight"）和 *algalgal*（"ramrod straight"）（Pinker & Prince，1988，p.97）。该模型也可能难以泛化到频率较低的默认值（Marcus et al.，1995）。

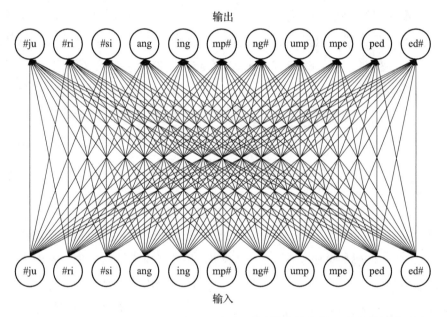

图 3.13　Rumelhart 和 McClelland（1986a）的两层模式关联器，它将单词表示为三个字母的序列。输入和输出节点利用 Wickelfeature 功能（三个语音特征的序列）进行编码，而不是三个字母的序列。实际模型有 460 个输入节点，每个输入节点均与 460 个输出节点相连接。所有单词都可以用这些节点的子集表示

但是，如果说到目前为止该模型的局限性已经得到广泛认可的话，那么人们对于如何解决这些问题或模型架构的哪些方面导致了局限性的共识要少得多。尽管我和 Pinker 将 Rumelhart 和 McClelland 的模型的局限性归因于缺乏规则，但其他人则认为原因在于缺乏隐藏层。例如，McClelland（1988，p.118）认为："（Rumelhart & McClelland，1986）的过去式模型存在的一个问题是，它在输入和输出之间没有中间的单元层。而反向传播学习算法的发展克服了这一局限性（Rumelhart，Hinton & Williams，1986）。

回应 McClelland 的言论，Plunkett 和 Marchman（1991，p.199）认为："在具有隐藏单元的网络中使用反向传播算法代表将 PDP 系统应用于语言处理和习得问题的进步。"同样，Hare、Elman 和 Daugherty（1995，p.607）承认 Prasada 和 Pinker（1993）提出的一些批评，但他们将模型的局限性归因于两层网络，这表明 Rumelhart-McClelland 模型"对于该领域做出了杰出贡献，学习理论的发展使它在某些方面过时了，但是它的缺点不会延续到后来发展出的更复杂的架构上"。

基于这些建议，许多研究人员开始追求更复杂的多层感知器模型，这些模型在本质上与 Rumelhart 和 McClelland 的模型相似，但通过设置隐藏层、更合理的训练以及语音编码的方式增强了模型的效果。像 Rumelhart-McClelland 模型一样，许多后续模型也继续将获取过去时态的任务视为使用单个网络来学习语音表示的词干与屈折形式之间的映射。用 Elman 等人（1996，p.139）的话来说，这些模型的目标是支持"规则和不规则动词……在同一设备中的表示和处理方式类似"的观点。

然而，这些模型仍然面临着很多与早期 Rumelhart 和 McClelland 的模型相同的局限性。但令人惊讶的是，与 Elman 等人提出的目标相反，目前没有人提出全面的单一机制模型，反之，相关学者提出了一系列模型，且每个模型都针对过去时态的不同方面。例如：用于说明名词性动词（就像句子 *ring a city with soldiers* 中的 *ring*）为什么会出现规则屈折的模型（Daugherty，MacDonald，Petersen & Seidenberg，1993），用于处理低频动词默认值的模型（Hare，Elman & Daugherty，1995），用于区分具有不同过去时形式的同音词的模型（MacWhinney & Leinbach，1991），用于处理过度规则化现象的模型（Plunkett & Marchman，1993）。这些模型的不同之处在于输入表示形式、输出表示形式和训练方式。它们并没有显示如何在单个设备中实现屈折，而是可以很容易地被当作实现这个任务需要多种机制的证据。

更重要的是，从语音编码到语音编码的映射模型仍然难以捕获生词的默认屈折泛化，并且仍然难以解释如何泛化低频单词的默认屈折。例如，Plunkett 和 Marchman（1993）进行了一系列模拟，他们系统地改变了规则输入单词的比例，测试了每个网络将规则屈折泛化到与训练模型所使用的任何词都不太相似的新词的可能性。他们发现"网络的泛化水平与词汇表中的规则动词总数密切相关"（p.55）。他们还报告说："当规则项占总项的比例不到 50% 时，几乎不会产生泛化（p.55）。"因此，当规则动词并非高频出现时，这样的模型将难以捕获其屈折规律。

这样的模型也经常产生混合结果。它们向动词的过去式（如 *ated*）而不是动词词干（如 *eated*）添加屈折规则。例如，Plunkett 和 Marchman（1993）的模型产生类似"ated"的混合类型（6.8%）的过度规则化结果要比类似"eated"的类型结果多得多，而对儿童的研究结果则相反，他们产生类似"eated"类型（学龄前儿童样本中为 4%）的过度规则化结果比"ated"类型（低于 1%）多得多（Marcus et al.，1992）[16]。同样，Daugherty 和 Hare（1993）的模型在对包含新元音单词的响应中产生了一半（12 个中的 6 个）类似的结果。

为什么构建将语音编码的词干映射到语音编码的过去时态的网络如此困难？思考一下这些网络如何屈折常规动词是很有启发性的。在规则－记忆模型中，新的规则词会被包含 *ed* 语素的变量（**动词词干**）所屈折，因此它会自动定义为：无论动词的发音如何，这些规则将平等地应用于所有动词词干。关联系统可能会抑制该规则的操作，因此有时可能根本不会调用该规则（或者在局部进行更改时可能会调用该规则，但会抑制其实际输出）。但是关联系统的输出是统一的，不受单词相似度的影响，如：输入 *walk*，输出 *walked*；输入 *outgorbachev*，输出 *outgorbacheved*。

隐含在这里的是一种恒等操作。除了不规则情况外，英语动词 x 的过去式的一部分就是 x 本身。例如，*outgorbachev* 的过去式的一部分是 *outgorbachev* 本身。规则－记忆模型通过有效地说明动词的过去式是动词词干的副本，并以 *ed* 词素作为后缀来解释这一点。

关注 Rumelhart 和 McClelland（1986）的模型的相关研究者对新规则动词如何受到规则化屈折的影响做出了不同的解释。和在**动词词干**变量上进行定义的操作不同，他们提供了一组较低级别的关联，在这组关联中，动词词干的语音定义部分与过去式的语音定义部分相关联。从根本上讲，此类模型中一个变量对应多个节点。这意味着它们必须学习零碎屈折规则的"恒等映射"。如果输入节点代表音素，则模型必须分别学习每个音素的恒等映射；如果输入节点代表语音特征，则模型必须分别学习每个语音特征的恒等映射。

根据输入表示的性质，目前无法明确这种零碎的学习是否会导致学习恒等映射的部分词形屈折产生问题。如果输入节点表示音素，则模型将无法正确产生与包含新音素的输入动词相对应的过去式。例如，如果单词 *rouge* 中的声音 /z/ 从未在动词训练中出现过，那么将一个单独的节点分配给 /z/ 的模型将不会泛化到该单词节点。因此，这样的模型将无法解释一个母语人士如何将单词 *rouge* 变形为 *rouged*（就像 Diane Wiest 在电影 *Bullets over Broadway* 中扮演的老电影明星与 John Cusack 喝几杯之前对她的脸颊做的事情一样）。

如果浊辅音 /z/ 由一组语音特征表示且所有这些特征都会在训练中出现，那么将单词 *rouge* 变为 *rouged* 就不会出现问题。但是使用语音表示可能不是万能的办法。例如，我认为英语母语者至少可以理解并区分"复制包含新特征的词干的屈折单词"和"省略该新特征的屈折单词"。例如，我怀疑说英语的人更喜欢 *Ngame out! ngaioed! Ngaio* 而不是 *Ngame outngaioed! Ngaio*，因此，即使是一个表示语音特征（而不是音素）输入的模型也会遇到问题。（就此而言，如果事实证明我们可以屈折不可发音的字形，便会产生新的问题。例如书面语格式的正确性，"*In sheer inscrutability, the heir apparent of the artist formerly known as Prince has out ♀ ed ♀.*"。)

在任何情况下，将对变量操作的过程换成仅以零碎方式关联规则动词及其过去式的过程都会导致混合问题。如果没有这样的词干复制过程，则仅当词干被复制时，系统可以无约束地使用 *ed* 词素。反之，对词干进行转换（如不规则处理）还是复制（如规则处理）是一种新的属性，它很大程度上取决于一组独立且零碎的过程。如果系统学习到 *i* 变化成 *a* 的规律，那么几乎没有办法阻止系统在动词后面添加 ed 的同时应用 *i-a* 的处理方式。最后的结果产生了大量的混合问题，比如类似 *nick-nucked* 这类人类很少犯的错误。因为添加 *ed* 的方式会放大 *ed* 对**词干**的作用，所以人类倾向于在 *nack* 和 *nicked* 之间进行独立选择。而缺乏区分规则动词与不规则动词的方式的网络则没有这类约束。如果 *i* 激活了 *a* 的同时 *ck* 激活了 *cked*，则很容易产生混合结果。对于缺乏在**动词词干**变量上定义的过程的模型，其底线是：即使使用低级的语音特征来表示单词，在不规则的情况下，使用 *ed* 模式正确地为新的不常见发音词生成过去式且不产生虚假混合是很困难的。

分类器模型：规则的替代方案？ 如果这些语音到语音模型是 Westermann（1999）模型中明确实施规则的唯一替代方法，那么争论就已经结束了。我认为引起争议的是，有很多其他关于屈折的联结主义模型都遵循不同的原则，并且这些模型都没有将语音编码的输入映射为语音编码的输出。这些模型被称为代数规则（即对变量的操作）的替代品，它们在捕获人类数据及其语音到语音的关系方面表现得更好。但是事实证明，每一个这样的模型要么实现代数规则，要么依赖于外部设备来实现代数规则。

有一类模型（我称该类模型为分类器）产生的结果不是语音描述（例如 /rang/ 或 /jumpd/），而是一个标签。该标签指示给定的输入单词是属于 *ing-ang* 类还是属于 *add ed* 类。这类模型对输入词的屈折直到某些外部设备将动词词干与 ed 级连后才完成。当然，依靠这样的外部设备没有错。但是，假设存在一种包括两个同等代数规则的设备（对于语音到语音模型来说是不必要的）：一个复制词干，另一个将其与 *ed* 级连。

通过建立（例如在后台）诸如"复制"和"级连"之类的操作，这些模型从变量之间的相关抽象关系入手，从而避免了训练独立性可能产生的问题。但是，它们并没有消除对规则的需求[17]。

清理网络：实现还是替代方案？ 作为最终的说明，请考虑图 3.14 中由 Hare、Elman 和 Daugherty（1995）提出的两部分网络。作为规则 – 记忆方法的替代方案，该模型有效地实现了规则 – 记忆模型。该模型由两部分组成：图底部的前馈网络以及图顶部的清理网络。前馈网络的工作方式与其他语音到语音模型的工作方式非常相似，并且其本身并不执行规则。不同的地方在于，图左侧出现了一条从输入节点到清理网络的实线。这条线实际上代表一组用作预连线复制操作的六个连接，用于事先复制所有可能的动词词干从而确保训练的独立性，即使该模型完全没有训练过[18]。

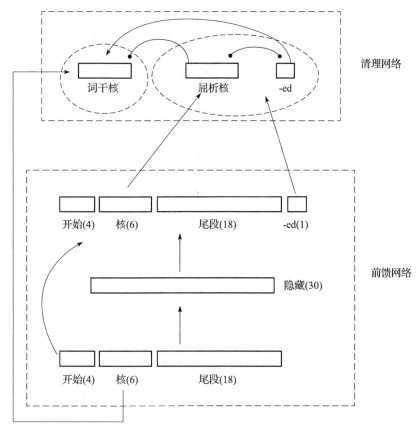

图 3.14　Hare、Elman 和 Daugherty（1995）的混合模型：清理网络和前馈网络。经
　　　　许可转载

　　除了将词干传递到清理网络的预连线复制操作外，Hare、Elman 和 Daugherty
（1995）的模型还包含另一种机制，该机制几乎可以概括我和 Pinker 建议用于
调节规则动词与不规则动词关系的"阻塞"机制。我们提倡的机制是：搜索不
规则动词，如果找到则使用它，否则返回默认值。Hare 等人的模型的工作原
理与此基本相同。前馈网络提供了一个猜测：如果输入的动词是不规则的，则
应如何屈折。该猜测连同动词词干一起传递到清理网络。清理网络是天然连接
的，它不用学习任何东西，因此如果模型对不规则动词的猜测被强烈激活，则
表示词干和 ed 后缀的输出节点将被抑制。相反，如果不规则动词猜测被弱激
活，则表示词干和 ed 后缀的节点都被强烈激活。与分类器模型一样，后缀实
际上是由外部设备所处理的。Hare 等人的模型没有替代规则，该模型广泛地依
赖于规则 [19]。

这种情况特别具有启发性，因为 Hare、Elman 和 Daugherty（1995）将其模型的成功归因于隐藏层和对输入单词的语音分布的假设（即不同类别的不同动词之间的相似性）。由于 Egedi 和 Sproat（1991）的早期工作使我们对隐藏层的重要性持怀疑态度，我和 Justin Halberda（Marcus & Halberda，在准备中）进行了测试：删去 Hare 等人的模型中的隐藏层，观察不具备隐藏层的模型结果是否明显变得糟糕。我们发现模型并没有像包含隐藏层的版本一样能很好地泛化到新词上。相反，清理网络对于 Hare 等人所提出模型的成功至关重要。删除了清理网络的模型比包含清理网络的版本效果差得多，其产生的混合词比人类产生的多得多。

3.5.3　讨论

过去时态问题最初兴起于 1986 年，当时 Rumel hart 和 McClelland（1986a）询问我们是否真的有心理规则。不幸的是，随着越来越多针对过去时态的合理性的讨论，Rumelhart 和 McClelland 直接提出的问题已经被打断了两次。他们最初的问题是："大脑中除了描述意义外还有其他规则吗？"从那之后，该问题转移到了"存在两个过程还是一个过程"这个问题上，最后转移到了"我们能否建立过去式的联结主义模型"这个问题上。"存在两个过程还是一个过程"这个问题的洞察力较弱，因为过程的性质（而不是纯粹的过程数量）才是重要的。一个二元模型可以作为混合模型（如我和 Pinker 建议的那样）、二元符号模型，甚至二元多层感知器来构建，其中一个"专家"用于研究规则动词，而另一个用于研究不规则动词（例如 Jacobs，Jordan & Barto，1991）。同样，我们也可以利用任意架构构建整体模型。我们从纯粹的数字中得到的信息太少，它分散了人们在 Rumelhart 和 McClelland 所提出的原始问题（代数规则是否隐含在认知中）上的注意力。

"我们能否建立过去式的联结主义模型"这个问题甚至更糟，因为它完全忽略了有关心理规则状态的根本问题。它隐含的前提类似于"如果我们可以建立一个经验充足的过去式的联结主义模型，那么我们将不需要规则。"但正如我们所看到的那样，此前提是错误的：许多联结主义模型有时甚至无意中执行了规则。

反对符号加工的人很少考虑这个问题，相反，由于他们的模型是联结主义的，因此可以作为变量操作模型的反面证据。例如，Hare、Elman 和 Daugherty（1995）

的清理网络确实克服了过去式的早期联结主义模型的主要限制之一。因为它是一个联结主义模型，所以 Hare 等人将此模型作为对规则－记忆模型的反驳。但正如我们所见，Hare 等人的模型表明，它与规则－记忆模型并不是真正对立的，实际上，它是规则－记忆模型的一种体现。

正确的问题不是"任何联结主义模型都能捕获屈折的规律吗"，而是"能捕获屈折规律的联结主义模型必须包含哪些设计特征"。如果认真对待模型告诉我们的内容，那么看到的将是那些接近实现规则－记忆模型的联结主义模型远胜于更为激进的类似模型。目前，如表 3.4 所示，过去时态模型越接近概括符号模型的架构——通过结合实例化变量和操作（此处为"复制"和"后缀"）变量实例的能力，其性能越好。

表 3.4　屈折模型：性能总结

模 型 类 型	参 考 文 献	包含规则分离路径	为不常见发音的生词添加 ed 后缀	低频默认情况	避免混合结果
前馈网络	Rumelhart & McClelland（1986a）	否	否	未测试	否
前馈网络	Egedi & Sproat（1991）	否	否	未测试	否
前馈网络	MacWhinney & Leinbach（1991）	否	否	未测试	否
前馈网络	Plunkett & Marchman（1991）	否	否	未测试	否
吸引子网络	Hoeffner（1992）	否	未测试	未测试	否
前馈网络	Daugherty & Seidenberg（1992）	否	是（？）	未测试	否（？）
前馈网络	Daugherty & Hare（1993）	否	是（？）	是	否
前馈网络	Plunkett & Marchman（1993）	否	否	否	否
前馈网络	Prasada & Pinker（1993）	否	否	未测试	否
前馈网络	Bullinaria（1994）	否	未测试	未测试	否
简单循环网络	Cottrell & Plunkett（1994）	否	未测试	未测试	否
前馈网络	Forrester & Plunkett（1994）	分类器	不适用	是	不适用
前馈网络	Hare & Elman（1995）	分类器	是	是	不适用
混合网络（见文中）	Hare & Elman（1995）	是	是	是	是
混合网络（见文中）	Westermann & Goebel（1995）	是	是	是	是
前馈网络	Nakisa & Hahn（1996）	分类器	未测试	未测试	是
前馈网络	O'Reilly（1996）	否	未测试	未测试	否
前馈网络	Plunkett & Nakisa（1997）	分类器	未测试	是	不适用

（续）

模 型 类 型	参 考 文 献	包含规则分离路径	为不常见发音的生词添加 ed 后缀	低频默认情况	避免混合结果
前馈网络	Plunkett & Juola（1999）	否	见备注	未测试	否
混合网络（见文中）	Westermann（1999）	未测试	是	是	是
前馈网络	Nakisa, Plunkett, & Hahn（2000）	否	未测试	未测试	是

注：Plunkett 和 Juola（1999）的模型对一些生词做了规则屈折，但从他们的报告中尚不清楚该模型是否可以将添加 ed 的处理泛化到不常见发音的生词中。

联结主义模型可以告诉我们很多有关认知架构的信息，但前提是必须仔细检查模型之间的差异。仅仅说某些联结主义模型能够处理任务是不够的。相反，必须找到模型需要的架构属性。我们所看到的结果是，包含变量操作机制的模型会成功，而尝试解决任务但没有此类机制的模型则不会成功。

结构化表示

如果我可以接受单词 *wug* 的概念，那么我也可以接受 *a big wug* 或 *a wug that is on the table* 的概念（Barsalou，1992，1993；Fodor ＆ Pylyshyn，1988）。如果我可以表示复杂的名词短语 *the book that is on the table*，那么我也可以将其表示为一个更复杂名词短语中的元素，如 *the butterfly that is on the book taht is on the table*（Chomsky，1957，1965）。为了捕获这类事实，符号加工的提倡者假设我们的大脑既有一套内部表示的原始元素，又有一种内部表示这些元素的结构化组合的方式（Fodor，1975；Fodor ＆ Pylyshyn，1988；New ell ＆ Simon，1975；Pylyshyn，1984）。他们进一步假设，复杂的单元本身可以作为构建更复杂的单元的输入，而这些单元是*递归定义的组合*。

符号加工观点的另一个假设是，人类事实性知识的重要部分是通过元素的结构化组合表示的，而这种结构化组合有时被称作命题[1]。根据这个观点，记忆中存储的每个事实（而不是通过推理在线生成）都使用单独的结构化组合表示，以便用独立的事实表示独立的资源。

近年来，大脑表示元素的递归结构化组合以及为每个命题分配单独的表示资源这两种思想都受到了挑战。在本章中，我回顾了这些挑战，然后说明为什么我认为它们没有成功，继而讨论在神经基质中实现递归结构化知识的多种方法，最后提出了我自己的建议。

4.1 多层感知器中的结构化知识

大脑表示元素的显式和递归结构化组合的思想面临着两种相关但截然不同的挑战。

4.1.1 几何构想

P. M. Churchland（1986）提出了一个挑战，他提出可以采用"一种'几何'的概念，而不是狭义语法的认知活动"来消除元素的递归组合，我们可能会认为这是一种使用分布式表示代替元素的递归结构化组合的方式。说某种东西是几何的，这本身并没有什么说服力。其至典型的符号计算机所表示的刚性结构信息也可以被认为是几何形状的。例如，可以将 Macintosh 随机存取存储器的内容看作具有大约 6400 万个点的 *n* 维空间中的指定一个点，该点大约有 6400 万维，每个维度对应 1 字节的内存，沿该维的位置将由存储在给定字节内存中的值指定。

因此，Churchland 的提议有趣的原因并不是认为我们能对一些知识进行几何解释，而是认为对大脑的最佳描述是与语法形式不一致的几何形式。事实证明，至少有两个"几何解释"与递归组合的标准语法视图不一致。（本章稍后将讨论使用几何定义空间的其他方法，这些方法与"语法解释"相一致。）

n 维空间视图的一个版本在许多多层感知器模型中都是隐含的。在我想到的模型中，输入可以通过激活一组给定的语义特征来描述，如 +animate、+warm 等。因此，可以将这种模型中的一组可能的输入简单地认为是描绘 *n* 维空间的边界，而任何特定的输入都会占据该空间中的某个点。在这样定义的空间中，递归不会发挥任何明显的作用。

这样做会有什么风险呢？我发现考虑混合系统和微粒系统之间的区别是很有帮助的，如 Abler（1989）所述。微粒系统类似化学系统，其中元素（例如分子）的组合保留了其组成元素（在这种情况下为原子）的特性，但该组合可能具有与其他任何组合不同的特性。例如，水保留了其组成元素（氢和氧），但具有的特性（例如，在室温下为液态的事实）不同于其任何一种组成元素（在室温下为气体）。

相对而言，在混合系统中，简单元素和复杂元素之间没有区别，所有可以做的仅是在两个简单元素之间进行插值，从而产生第三个简单元素。例如，模拟温度计所能表示的每种可能的数值都隐含在可能温度的初始一维空间中，"简单温度"和"复杂温度"之间没有区别。

两种类型的系统（混合系统和微粒系统）都植根于它们表示的所有可能概念之上，但是在微粒系统中，组合状态并非简单地处于中间状态。例如，97 度的物体介于 96 度和 98 度之间，但黑白的物体并不介于黑色与白色之间（如某种灰色阴影），而是有本质上的区别。

因此，Churchland 隐含地提出了一个潜在的问题：能否充分表示几何混合系统中可能的输入范围？乍看之下，Churchland 提倡的几何系统似乎非常强大，很容易看到这类空间如何将各类物理对象表示为该空间的点。例如，借用 Paul Smolensky 的一个例子，我们可以将一个（特定的）咖啡杯（在特定的上下文中）表示为超空间中的特定点，其中包含物质、形状等维度（+porcelain-curvedsurface、+finger-sized-handle 等）。

类似的表示方案用单独的维度（单独的节点）表示单独的语义特征，等同于将实体表示为元素的交集。用这种方式表示事物通常是有用的。例如，我们可以通过打开蓝色节点和正方形节点来表示蓝色正方形：蓝色正方形是蓝色物体和正方形物体的交集。

但是类似的系统面临着严重的问题。首先，尽管元素的许多组合确实描述了集合交集，但并非全部的交集都可以用元素组合来描述。例如，尽管可以使用短语蓝色正方形来选择蓝色和正方形的交集，但是不能使用短语小象来选择那些小的并且是**大象**的交集（见 Kamp and Partee，1995，了解近期的评论）。因此，仅激活节点**小**和节点**大象**来表示短语小象是不够的。同样，假钻石不在**假**和**钻石**的交集中，前任州长也不在**州长**项的集合中。

其次，使用分布式特征列表的表示方案没有提供表示元素之间明确区别关系的直接方法（Barsalou，1992，1993；Fodor & Pylyshyn，1988）。例如，考虑一个表示概念 *a box inside a pot* 的表示系统。显然，激活特征 +box、+pot 和 +inside 是远远不够的，因为 *a pot inside a box* 会激活同一组特征。但是，为每个可能的相关概念都设置节点也是不合理的，因为随着概念越来越复杂（+cup-next-pot-in-side-box，+cup-next-to-pot-inside-box-on-table，等等），系统所需的节点数将呈指数增加。

最后，在集合交集的架构中，没有足够的方法来准确表示元素的布尔组合，例如护士和大象或护士或大象。如果实体 1 具有属性 A、B 和 C，而实体 2 具有属性 B、C 和 D，则同时激活实体 1 和实体 2 的特征会激活特征 A、B、C 和 D。正如 Pollack（1987，ch.4，p.7）所说：

> 如果需要整个特征系统来表示单个元素，那么试图表示包含这些元素的结构就不能在同一系统中进行管理。例如，如果需要所有特征来表示"护士"，并且需要所有特征来表示"大象"，那么尝试表示"护士骑大象"将可能出现"白色大象"或"有四条腿的大块头护士"这样的表示。

正如 Hummel 和 Holyoak（1993）指出的那样，这是原则性问题，另一个例子是 von der Malsburg（1981）的叠加灾难（在第 3 章中介绍过）。正如 Hummel 和 Holyoak（1993，p.464）所说：

> [存在] 知识单元之间的分布式表示和系统绑定之间的内在权衡。分布式表示的主要优点是其具有自然捕获所表示的主体的相似结构的能力（与不相似的实体相比，相似的实体可以在表示中共享更多的单元），缺点是绑定会随着分布程度变大而系统地减小（如绑定错误的可能性会增加）。考虑一个极端情况：在单纯的局部表示中不会出现绑定错误。如果有 N 个单元，每个单元表示一个不同的概念，则网络可以同时表示全部概念，而对于其表示的内容没有任何歧义。另一个极端是完全分布式的情况：在 N 个单元上可能出现 2N 个二进制模式，这些二进制模式中的每一个都表示一个不同的概念。在这种情况下，如果无法不合逻辑地创建新的模式，则无法叠加两个模式。但在叠加的情况下，我们无法避免绑定错误。

这三个问题严重限制了仅依赖非结构化特征列表的模型的表示能力。（与关于学习的训练独立性问题相反，这里描述的问题与表示有关。）

4.1.2　简单循环网络

关于大脑表示元素的显式和递归结构化组合的思想，另一个挑战来自 Elman（1995，p.218）。Elman 认为简单循环网络"只是粗略地近似递归"的一种替代方案。当表示某种结构的句子被逐单词输入一个简单循环网络时，我们可能会通过所引起的一些隐藏单元的模式来表示递归结构。回顾第 3 章，句子预测网络中隐藏单元的状态可以计算出当前单词和之前单词所引起的状态的函数。因此，它内在地反映了输入网络的句子片段的信息。

与包含固定原语集和具有明确定义的组合原语过程的系统相比，句子预测网络包含固定原语集（局部编码的单词），但不包含任何用于组合元素的显式过程（或表示组合的方式）。实际上，我们尚不清楚句子预测网络中的内容直接对应于哪些分层树结构。问题在于，系统是否充分编码了人类思想和语言所特有的显式递归结构。

事实证明，当使用简单的循环网络替代元素的结构化组合时，至少会出现两个问题。第一，正如我们已经清楚的，因为句子预测网络无法泛化到新单词（假设单词由局部节点编码），所以它不能可靠地表示包含新单词的句子对之间的区别，例如 *the blicket that is on the dax* 和 *the dax that is on the blicket*。（这里要再次提到训练独立性。例如，在一项未发表的实验中，我用 *The x that bit the rat is hungry. What kind of animal is hungry*？这样的案例来训练句子预测网络。对于 *x is hungry*，*x* 的实例化包括 *cat*、*dog* 和 *lion* 等。训练独立性使模型无法合理泛化到新动物。）

第二，只有对必须区分的每个结构都分配唯一的编码的系统，才能对复杂结构进行编码[2]。例如，系统为 *the boy burns the house*、*the girl burns the house* 这两个句子分配相似的编码是一种优点，但是如果系统为两个句子分配的编码完全相同，则两个句子之间的差异性就会消失。

在句子预测网络中，唯一编码的需求将如何实现？回想一下，句子由隐藏单元的活动模式编码。在这种情况下，唯一编码要求将每个结构映射到隐藏单元空间中的唯一点。但事实证明，我们根本无法保证网络会将不同的句子映射到隐藏单元空间中的不同点上。而且经验实验表明，不同的句子经常被映射到相同或接近相同的点上。例如，取自 Elman（1995）的图 4.1 展示了一组相似但截然不同的句子：*John burns house*，*Mary burns house*，*lion burns house*，*tiger burns house*，*boy burns house*，*girl burns house*。这些句子都被映射到一个公共点上（至少在 Elman 的图上是这样的）。网络可能更倾向于这样做，因为每个句子都有一个共同的延续（句子的结尾）。换句话说，网络在隐藏空间中不是将共享含义的句子片段组合在一起,而是将会导致共同结尾的句子片段组合在一起。结果是句子之间的重要差异可能会丢失。因此,句子预测网络不是编码复杂结构的适当模型。我们想要的不是像句子片段这样后面可能跟着一个短语的表示形式,而是一种可以有所区别地编码 *John burns the house* 以及 *Mary burns the house* 的方式。

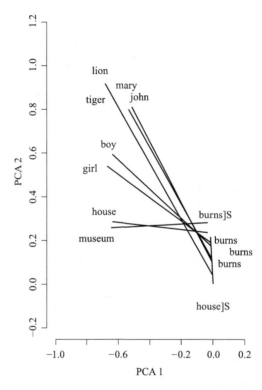

图 4.1 隐藏单元空间的痕迹。摘自 Elman(1995),本图在二维空间中绘制句子,句子由对隐藏单元空间的主成分分析得出。图中的点表示从特定句子片段中引出的活动模式。例如,从片段 *lion* 中引出的活动模式绘制在左上角,右下角则为从句子片段 *lion burns house* 中引出的活动模式。所有以 *burns house* 结尾的句子都被放在右下角相同的区域,由此忽略了它们之间的差异性

4.2 对"大脑为每一个主谓关系分配单独的表示资源"这一观点的挑战

还有一些研究者对符号加工的观点提出了挑战,他们怀疑大脑是否能真正表示命题。例如,Ramsey、Stich 和 Garon(1990,p.339)认为有一类联结主义模型"与嵌入在常识心理学中的命题模块不相容"。他们提出了一种多层感知器模

型，作为对每个命题被分配独立的表示资源的观点的替代方案，其中"信息的编码是重叠的且广泛分布的"（p.334）。Ramsey、Stich 和 Garon（1990，p.334）认为如果这类模型最终被证明是"对人类信念和记忆的最好描述，那么我们将面临一种本体论上激进的理论变化——这种理论变化将会支持诸如热量和燃素等命题意向不存在的结论。"

　　图 4.2 中所示为 Ramsey、Stich 和 Garon（1990）的模型，它是根据一组有关动物及其属性的事实进行训练的。在每个试验中，模型都具有某些主谓关系，例如 *dogs have paws* 或 *dogs have gills*。如果主谓关系为真，则模型的输出节点为 1.0，否则输出 0.0。输入单元以分布式方式对各种可能的主体和谓词进行编码。例如，主谓关系 *dogs have paws* 可以表示为二进制位字符串 1100001100110011，其中最初的 8 位（单元）11000011 对主体 *dogs* 进行编码，而其余 8 位 00110011 对谓语 *have paws* 进行编码。（这些研究人员并未明确解决递归问题，相反，他们的研究重点是试图证明使用分布式表示的多层感知器如何消除对单独表示的命题的需求。）

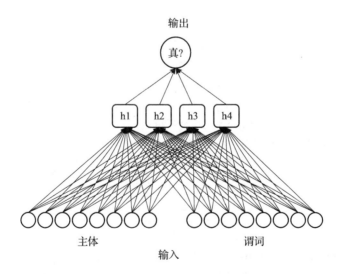

图 4.2　Ramsey、Stich 和 Garon（1990）对有关动物的陈述性知识进行编码和泛化的模型。该模型在一系列命题上进行训练，输入节点代表给定命题的主体和谓词，输出节点代表命题的真伪（真命题为 1，假命题为 0）

　　按照类似的思路，Rumelhart 和 Todd（1993，p.14）在调研了"如何以分布式方式表示语义网络信息"的背景下，提出了一种多层感知器模型。如图 4.3 所

示，他们的模型用一组输入节点表示可能的主体范围，另一组输入节点表示关系
（例如 is-a、has-a、can），四组输出节点分别表示实体、属性、质量和操作。例如，
为了表示 *a robin is a bird* 的事实，可以将输入设置为 a robin is-a，将输出设置为
bird。

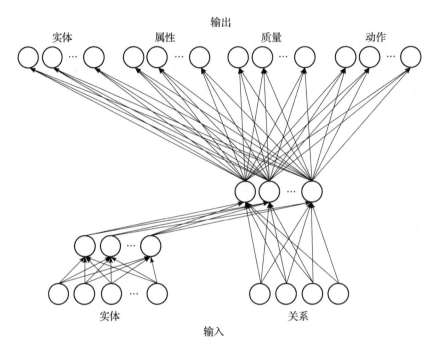

图 4.3　Rumelhart 和 Todd（1993）的知识模型。每个输入或输出节点表示一个单独
的实体、属性、关系、质量或动作。图中并没有显示所有节点和连接。实
体节点表示 living thing、plant、animal、bird、fish、tree、flower、oak、
pine、rose、daisy、robin、canary、sunfish 和 salmon。关系节点表示
can、is-a、are 和 have。属性节点表示 bark、branches、petals、wings、
feathers、scales、gills、leaves、roots 和 skin。质量节点表示 pretty、
big、living、green、red 和 yellow。动作节点表示 grow、move、swim、
fly 和 swing

　　Ramsey、Stich 和 Garon（1990）的模型以及 Rumelhart 和 Todd（1993）的
模型均不同于标准语义网络。他们的架构中都使用了一组公共节点来表示所有命
题，而标准语义网络则为表示的每个命题分配单独的表示资源。初步看来这两个
模型似乎都比语义网络（一种编码递归结构的标准方法，下面将进行更全面的讨
论）更具优势。语义网络只表示知识，泛化则由外部模块处理，与之不同的是，
Ramsey 等人以及 Rumelhart 和 Todd 的替代方案整合了表示和泛化。例如，一旦

Rumelhart-Todd 模型的训练结果表示 *emu is a bird*，它就会正确地推断出鸸鹋 *has feathers*、*has wings*、*is an animal* 并且 *is a living thing*。同样，一旦 Ramsey 等人的模型被训练了 *dogs have legs* 这样的事实，它就能够正确地推断出 *cats have legs* 的真命题和 *cats have scales* 的假命题。

但是，使用一组通用节点表示所有命题的缺点在于，学习特殊的事实变得非常困难。例如，一旦教会 Rumelhart-Todd 模型 *a penguin is a bird* 且 *a penguin cannot fly*，它就错误地推断出 *a penguin is a fish*、*has gills*、*has scales*、*has feathers* 以及其他 *bird* 特征。如果有人强迫模型记住 *a penguin is a bird that can swim but not fly*，那么它可能会从企鹅的案例中得到如此广泛的泛化，以至于忘记了其他鸟会飞，这就是 McCloskey 和 Cohen（1989）所说的灾难性干扰（另见 Ratcliff，1990）。

如果使用这种网络来表示有关特定个体的一组事实，也会出现相同类型的问题。为了说明这一点，我们对一个用来表示 16 个人的前馈网络进行了训练[3]。训练分为两个阶段。在第一阶段，模型针对每个个体进行训练。在第二阶段，我基于一个新事实对模型进行训练：*Aunt Esther won the lottery*。该网络能够学习这一事实，但同时错误地将彩票的中奖泛化到其余 15 个人中的 11 个人。

这种过度泛化是 Hinton、McClelland 和 Rumelhart（1986，p.82）提出的自动泛化存在的必然弊端："例如，如果你学习到黑猩猩喜欢洋葱，那么你可能会提高对大猩猩喜欢洋葱这一事件的概率估计。在使用分布式表示的网络中，这种泛化是自动的……这种修改会自动改变所有类似模式的因果关系。"

当模型使用隐藏单元来表示输入特征的组合，然后学习这些不同组合之间的关系时，它们学到的是那些组合，而不是输入本身。在企鹅的例子中，模型似乎学习到"不能飞"和"有鳃"之间有很强的相关性，因此自动推断出不能飞的东西有鳃。同样，它认为能游泳的就是鱼。在某种程度上，若两个实验对象有共同的属性，则模型倾向于从一组共同的隐藏单元中引起活动，这使得模型很难了解两者之间的区别，这正如 Rumelhart 和 Todd（1993，p.2）所言：

企鹅的例子说明了联结主义网络的另一个重要特性：它们通过将概念的某些

类别表示为相似的，然后利用不同类别中概念特征之间的冗余来进行泛化。通常，这些泛化是恰当的，比如当网络对 emu 和 ostrich 做出类似响应时，但有时却恰恰相反，比如当网络不能理解为什么企鹅会游泳但企鹅不是鱼时。

意识到这个问题，McClelland、McNaughton 和 O'Reilly（1995）提出可以通过"交错"新记忆和旧记忆来获得一个可以处理特殊事物的多层感知器。他们将关于企鹅的事实与之前已知的事实交叉，从而使 Rumelhart 和 Todd（1993）的模型能够准确表达关于企鹅的事实和其他事实。但他们提出的解决方案似乎不合理：每次重复（关于企鹅的）新事实时，都要复述其余全部已知的 56 个事实。如果我们在学习新事实的同时，还大量地复述所有旧知识且没有导致灾难性的遗忘，这是不可能的 [4]。在表示特殊事物和避免过度泛化方面，为要表示的命题采用单独资源的系统表示相对更容易实现。

4.3   关于在神经基质中实现递归组合的提议

既然对于大脑表示递归结构命题的挑战似乎都不可行，那么我们考虑是否可以在神经基质中实现这样的命题。要建立一个可以对人类能够表示的结构进行编码的系统需要付出什么代价？任何递归方案必须具有一组原语，一种将这些原语组合成新的复杂实体的方法，一种确保元素排列顺序的方法（例如，*12≠21*，*the cat is on the mat ≠ the mat is on the cat*），以及一种允许新的复杂实体参与组合过程的方法。

4.3.1   可以表示递归结构的外部系统

这些原理在表示递归组合的两个常见外部系统（数字和句子）中清晰可见。首先考虑十进制数方案，该系统包括 10 个原语（数字 *0* 到 *9*），可以将它们组合以形成复杂的（即非原子的）实体，例如 *12* 或 *47*。任何复杂的实体又可以与原语或其他复杂的实体进一步组合。数字系统还提供了左右排序的原则，即 *12 ≠ 21*。

语言学中常见的语法树表示法为组合提供了另一种形式。原语是节点和分支。节点可以是语法类别（例如名词短语），也可以是单词（cat、dog）。有序（即非对称）关系由给定的分支是左还是右表示，例如 *end table ≠ table end* 和 *John loves Mary ≠ Mary loves John*（参见图4.4）。

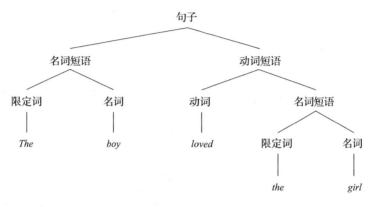

图 4.4　一棵语法树

4.3.2　语义网络

数字系统和语法树是表示递归的外部方式，但是递归在内部如何表示？也许最著名的说法是语义网络理论。语义网络与多层感知器网络的不同之处在于其预设的一组原语。多层感知器模型仅具有节点、这些节点之间的加权连接以及逐渐调整这些连接权重的模块。相反，语义网络（Barnden，1997；Collins & Quillian，1970；Rumelhart & Norman，1988）不仅包括节点和连接，还包括节点之间的标记连接。多层感知器中两个节点之间的连接只是一个数字，它表明两个节点之间的连接强度，而语义网络中的连接提供了有关两个节点之间关系性质的定性信息。例如，语义网络的一部分可能包含对概念 Fido、dog 和 fur 进行编码的节点。为了表明 *Fido is a dog*，与符号 *Fido* 相对应的节点将通过标记为 *is-a* 的连接（也称为链接）与表示种类 DOG 的节点连接，如图4.5所示。

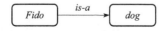

图 4.5　一个语义网络。表示实例 *Fido* 和种类 DOG 的节点通过 *is-a* 连接起来

语义网络很容易表示复杂的、递归的元素组合。例如，图4.6显示了 *John likes the book that is on the table* 和 *John likes the table that is on the book* 这两种命

题的表示方式。(对于约束语义网络中出现的一些困难的讨论,请参阅 Anderson,1976 和 Woods,1975。)

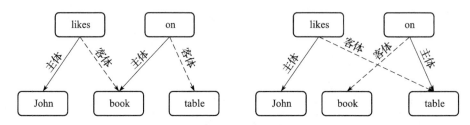

图 4.6　语义网络中递归结构的表示

语义网络的最简版本面临着一个严重的问题:如何区分特定谓词的不同实例?例如,我们要表示 *John bought apples yesterday and pears last week* 的事实。如图 4.7 所示,在最简版本的语义网络理论中,存在歧义或串扰问题:我们使用完全相同的网络来表示 *John bought apples last week and pears yesterday* 的事实。

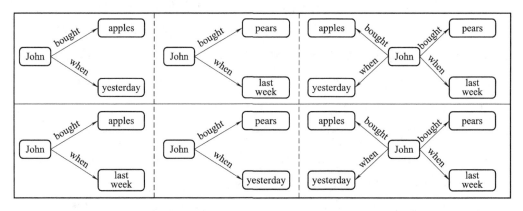

图 4.7　一个谓词对应多个实例的串扰:*John bought the apples yesterday* 加上 *John bought the pears last week* 的组合(上面一行)等于 *John bought the apples last week* 加上 *John bought the pears yesterday* 的组合(下面一行)

传统的解决方法是假设存在命题节点,每个要表示的命题对应一个命题节点。每一个被表示的命题都是由命题节点和与其相连的节点及连接组成的。图 4.8 展示了这种方法的流程。给定这样的命题节点,只需通过为要表示的每个命题分配一组单独的节点,就可以很容易地表示特定的事物。

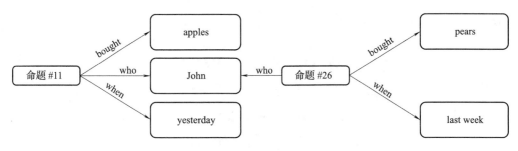

图 4.8　不同谓词的节点

　　然而，最直接的语义网络形式似乎并不能很好地解释神经系统的实现。为了使系统正常工作，所采用的机制必须在线建立新的节点（例如，表示一个我们刚刚学习过的新的人），而且机制必须迅速连接任意节点（例如，必须在表示新的人的节点之间建立连接，不管我们可能学习了关于这个人的哪些事实）。

　　在线构建新节点的问题可能不太严重。将节点等同于神经元的研究人员可能会担心是否应认真考虑这一神经生物学理论：成年人的神经元不再生长。但是最近的证据表明，成年人的神经元不再生长的理论可能被证明是错误的（Eriksson et al.，1998；Gould，Reeves，Graziano & Gross，1999；Gould，Tanapat，McEwen，Flügge & Fuchs，1998）。无论如何，正如几位作者指出的那样，我们可能有一个预先存在的未分配节点存储，某些机制可能允许我们在需要表示新事物时使用其中一个节点（例如 Carpenter & Grossberg，1993；Trehub，1991）。（另一个潜在的担忧是，任何假定固定存储最初未分配单元的解决方案都将限制我们表示有限数量的符号。但是这种担忧很容易解除，因为我们可以想象这种限制可能足够高，所以不会造成任何实际问题。）

　　更令人担忧的问题是我们能否快速建立新的连接。如果新项目的表示需要与这些新项目的连接，则神经机制必须能够在任意两个任意节点之间创建连接。诸如 Shastri 和 Ajjanagadde（1993，p.421）等的研究人员怀疑这是否合理，这表明语义网络可以合理地表示长期知识，但是这样的网络不能足够快地编码信息以支持快速推理，因为"不太可能存在可以在这种时间范围内支持广泛的结构变化和新连接增长的机制"。这种批评的强烈程度取决于节点与神经元之间的关系的性质。如果节点是神经元，并且节点之间的连接是突触连接，那么语义网络的解释将取决于可以快速构建新的突触连接的机制。据我所知，尚无这种机制被发现

（例如，参见 Zucker，1989）。

　　这并不是说一定没有这样的机制。认为不能迅速建立新的连接的观点也有可能是错误的：也许会发现一种快速构建节点之间连接的机制。但即便如此，一个能够建立连接的系统可能也只能建立物理上距离较近的节点之间的连接，而这样的系统可能很难表示会出现新项目的任意结构。例如，*the purple blicket that I bought from the shop on Orchard Street*，其中"blicket 节点"可能离它需要连接的所有节点不够近。考虑到这些问题，我认为有必要考虑其他方法，以保留语义网络的方式编码主谓关系，而不需要一种能够在任意节点之间快速建立连接的机制。

4.3.3　时序同步

　　如第 3 章所示，时序同步提供了一种方法来应对在线连接任意信息位的需求。例如，我们可以这样表示 *John bought apples yesterday*：在一个相位使节点 John 和 buyer 处于活动状态，在另一相位使节点 apples 和 buyee 处于活动状态，在又一个不同的相位使节点 yesterday 和 when 处于活动状态。但是，尽管时序同步在简单命题的情况下可以直接发挥作用，但时序同步的最简版本至少面临两个严重的问题：与递归的关系和给定谓词的多个实例的表示。

　　时序同步网络中的递归。递归的问题是时序同步只允许一个级别的绑定（Barnden，1993；Hummel & Holyoak，1993）。我们可以表示 *book* 和 *theme* 之间的绑定，但是并不清楚如何表示更复杂的角色填充过程，例如 *the book that is on the table*。如果 book 和 table 都与 theme 同步振荡，就会产生串扰问题：我们无法将 *the book that is on the table* 与 *the table that is on the book* 区分开。

　　Hummel 和 Holyoak（1997）通过调用连接节点的附加绑定机制来处理这种复杂的绑定问题，但是他们的解决方案并未清楚表明这种机制可以足够快地构建适当的连接节点。但是请注意，如果它们的连接方案正确，那么时序同步机制本身就不支持递归。

　　表示时序同步网络中谓词的多个实例。时序同步网络也难以表示给定谓词的多个实例。时序同步网络的最简版本与语义网络的最简版本一样面临着多个谓词实例化的问题。例如，我们要表示 *whales eat fish* 和 *whales eat plankton* 的事实。如果表示 fish 的节点与表示 agent 和 patient 的节点均同步振荡，则我们不能明确表示 *whales*、*fish* 和 *plankton* 的事实。

为了解决这个串扰问题，Mani 和 Shastri（1993）提出一个系统，这个系统可为每个谓词分配大约三组节点，并使用一个多实例化开关来引导这些实例参与推理。例如，谓词 eats 被分配了三组不同的单元，其中一组可以表示 *whales eat fish*，另一组表示 *fish eat plankton*，第三组用于表示关于吃的其他事实。

即使存在表示特定命题的节点，时序同步也只能提供有限的解决方案。一个已经被讨论过的问题是，如果系统保持十几种不同的相位，那么其中只有少数命题可以被清楚地表示。另一个挑战来自这样一个事实：我们可以快速创建新谓词的新实例。当被告知 *to flib* 的含义是在 Balderdash 游戏中愚弄某人时，我们可以立即明确地举出几个例子，比如 *Bill flibbed Hillary*、*Hillary flibbed Chelsea* 和 *Chelsea flibbed Bill*。快速构造新谓词的多个实例的能力表明，绑定参数及其填充的能力并不依赖于预先指定的谓词实例节点。

Sougné（1998）建议用另一种方法——周期倍增来表示谓词的多个实例。周期倍增背后的想法是，每个节点将在两个或三个不同的振荡频率激发。例如，一个表示谓词（如 agent-of-eating）参数的节点在两个或三个不同的振荡频率激发，每个振荡频率将对应的参数槽绑定到一个特定的个体。我们可以明确地表示 *whales eat fish but fish eat plankton* 的情况，方法是使表示 *whales* 的节点在相位 A 激发，使表示 *fish* 的节点在相位 B 和 C 激发，使表示 *plankton* 的节点在相位 D 激发，同时，相位 C 和 D 分别包含 *eatee* 关系。Sougné 的提议可以用音乐来考虑。在时序同步的标准版本中，每个实体（填充或实例）都由单个音符表示。绑定在一起的变量和实例分别由相同的音符表示。Sougné 的想法等同于用和弦表示每个实体，即同时演奏一组音符[5]。如果在构成表示变量和实例的和弦的音符中有任何重叠，则这些变量和实例将绑定在一起。

虽然这两种解决方案（由 Mani 和 Shastri（1993）以及 Sougné（1998）提出的方案）都适用于少量的短期知识，但它们都不适用于表示个体的长期知识。在

Mani 和 Shastri 的提议中，记忆容量被不同的相位数（他们建议大约 10 个）所限制；而在 Sougné 的提议中，记忆容量被不同的谐波周期数（他估计是 2 到 3 个）所限制。考虑到我们可以在长期记忆中保存几十个也许数百个关于个体的事实，我们需要建立一个对长期记忆甚至短期记忆都有效的系统。

4.3.4 交换网络

Fahlman（1979）提出了另一种无须大量快速重新布线即可构建动态指针的方法，可以类比地理解为电话交换网络的操作。电话交换网络将每台电话连接到一个或多个中间点，而不是在每对可能的电话之间预先铺设线路。图 4.9 描述了这种方法。Fahlman（1979）提出了大体遵循这一普遍原则的符号联结主义系统。

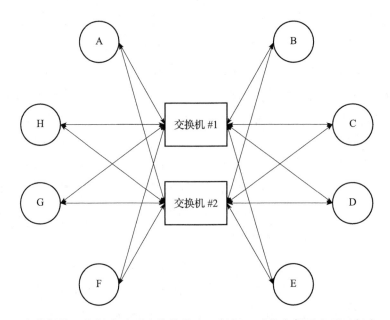

图 4.9 交换网络。字母表示要连接的节点。任何一对节点都可以通过任意一个交换机连接。例如，节点 A 和节点 D 可以通过从节点 A 连接到交换机 1，然后从交换机 1 连接到节点 D 进行连接

这样的网络允许任意两个元件之间快速连接，而不需要任何新的线路，但是交换机的数量严格限制了可以表示的绑定的数量。此外，这样的系统仅限于一阶绑定。例如，节点 C 可以与节点 G 连接，但没有办法表示不对称（*the book on the table* 与 *the table on the book*），并且没有办法使结构逐渐复杂化（例如，将 C 和 G

的组合与其他元素连接），同样也没有明显的办法来表示给定谓词的多个实例。

4.3.5 将结构映射到活性值

与时序同步模型和交换网络相比，还有一种模型可以充分表示递归结构，其本质上是通过将每个结构映射到高度结构化空间中的特定点。

一维空间。编码复杂结构的一种方法是系统地将每个结构映射到数轴上的一个点上（例如，Siegelmann and Sontag，1995）。例如，假设我们想对以下问题的可能答案进行编码：*Where do you think I left my keys*？答案可能包括：

near the old mill town

at the army base near the old mill town

in the old mill town near the army base

in the pub at the army base near the old mill town

in the back of the pub at the army base near the old mill town

at a booth in the back of the pub at the army base near the old mill town

我们可以把 *at an army base*（为了简单起见，将其作为原语）编码为 0.001，把 *near a small town*（作为另一个原语）编码为 0.002，以此类推，将每个原语编码为特定数与千分之一的乘积。我们可以递归地组合这些元素，如果原语出现在最左边的槽中，就除以 1，如果出现在次左边的槽中，就除以 1000，以此类推。例如，*at an army base near a small town* 被编码为（0.001/1）+（0.002/1000）= 0.001002，*at a small town near an army base* 被编码为 0.002001。每种编码都可以放入一个编码库中，一个简单的算术过程可以用来组合库中列出的元素，从而构建完整的递归构造的答案（针对反复出现的找钥匙问题）。

该系统通过将单个节点的活性值设置为编码特定句子的特定值来工作。这个系统的缺陷在于依赖能够准确区分大量值的节点。例如，如果一个句子最多有 5 个槽，每个槽可以被 1000 个不同的填充物填充，那么就有 $1000^5 = 10^{15}$ 个可能的值需要区分。由于我们不知道哪些神经集合对应一个节点，因此不能绝对地说这种高精度的假设是不可能的，但显然很难实现。Feldman 和 Ballard（1982）认为，神经元或者节点不太可能区分超过 10 个值。即使能够区分数万亿个可能值的节点也是不够的。

将句子映射到 n 维空间中的点。单节点方法的一种变体是将每个句子映射到 n 维超空间中的一个点上，每个维度表示句子的特定部分。一个维度表示句子的第一个参数，另一个维度表示句子的第二个参数，以此类推。

尽管我不知道是否有人精确实现过这种解决方案，但 Pollack 的 RAAM（Recursive Auto-Associative Memory）架构（Chalmers，1990；Niklasson & Gelder，1994；Pollack，1990）与之很接近，它在超立方体的顶点上绘制原子元素，然后在超立方体内插入更复杂的元素。该系统的一个版本可以在具有 $2n$ 个输入节点、n 个隐藏节点和 $2n$ 个输出节点的自关联网络中实现。其中输入节点由两组组成：一组用于二叉树的左半部分，另一组用于右半部分。目标输出与输入相同。原语在输入层上通过带有单个 1 的 0 字符串局部编码（因此在超空间的角上）。输入中编码的两个元素的组合是它在隐藏层中引起的活动模式。这些隐藏层编码可以反过来用于开发各种树结构的编码库，它们本身也可以作为树的任何一个分支的输入。因此，系统是递归的，原则上可以表示任何二进制分支结构。

但就像单节点系统一样，一切都取决于节点的精确度。为每个节点提供单独的维度可以减少对每个节点的需求，但可能还不够。为了使用每个谓词的维度来表示五个参数的谓词，我们需要每个节点能表示所有可能的填充。如果有 1000 个可能的填充物，每个节点就需要区分 1000 个可能的值，虽然仍比 Feldman 和 Ballard（1982）建议的要高出两个数量级，但看起来是比较合理的。（所需的最终精度取决于不同单词的数量和要编码的结构的复杂性。由于这种方法的现有演示使用的是不超过 100 个单词的微型词汇表，因此精度问题并不像使用更实际的词汇表那样明显。）

将句子映射到张量。还有一种方法由 Smolensky（1990）提出，他使用了 3.3.3 节中介绍的张量微积分机制。回想一下，在这种方法中绑定是通过（粗略地）将变量的编码和实例的编码相乘来表示的。如果想用语法树的左半部分表示单词 *John*，我们可以通过为变量 left-subtree 构造编码并将其乘以一个表示单

词 *John* 的向量，产生的张量即表示左子树是 *John*，我们称这个张量为 *L1*。如果想用语法树的右半部分表示单词 *sleeps*，同样可以通过为变量 right-subtree 构造代码并将其乘以一个表示单词 *sleeps* 的向量，产生的张量即表示右子树是 *sleeps*，我们称这个张量为 *R1*。句子 *John sleeps* 的表示是这两个张量的和，即 *L1* 加上 *R1*。

为了表示更复杂的结构，需要形成更复杂的张量。例如，要形成结构 [C [A B]]，我们可以先形成表示组合 [A B] 的张量，然后用这个向量乘以右子树的编码，得到右子树 [A B] 的表示。然后可以将其依次添加到将左子树表示为 C 的张量中。最终得到的表示树 [C [A B]] 的张量本身可用作形成更复杂的张量的元素，该张量本身可以像原语一样使用，并且与所有其他元素一样经过相同的递归组合过程。

这种解决方案的一个潜在问题是，必要节点的数量随着所表示结构的复杂性的增加而呈指数级增长（Plate，1994）。例如，假设每个填充物可以用 10 个二进制节点的向量进行编码（支持 $2^{10} = 1024$ 个不同实例的编码），并且每个角色可以用 3 个节点进行编码。若对一个有五层嵌入的树进行编码，最终将得到 $(10 \times 3)^5 = 24\,300\,000$ 个节点——这不是不可能，但也不是很合理。如果可用节点的数量在长度上是固定的，那么张量微积分系统表示复杂结构的能力就会逐渐下降。Smolensky、Legendre 和 Miyata（1992）提出，这种退化可能与人类表现的退化相对应，但至今没有证据表明模型的退化实际上与人类表现的退化相匹配。

时序异步。Love（1999）提出的另一种想法被称为时序异步。Love 假定大脑有一个节点网络，它与语义网络非常相似，但有两个重要的区别。首先，Love 没有在线创建节点之间的新指针，而是假设所有连接都是预先构建的。学习过程调整这些连接的权重，但并不创造新的连接。假设指针能够足够快速地调整，这个想法就可以避免 Shastri 和 Ajjanagadde 对创建新指针的担忧。

Love 的提议的另一个新颖之处是，他假设知识不仅通过连接权重的设置进行编码，而且通过神经元激发的顺序进行编码。Love 首先假设所有节点作为其全部激活的函数被随机激发，并且这种绑定是不对称的：如果 A 绑定到 B，则 B 不能绑定 a。此外，Love 表明，如果 B 被绑定到 A，则 A 的每次激发都会增加 B 的激活程度，从而导致 B 更快被激发。换句话说，在其他条件相同的情况下，如果 B 被绑定到 A，则 B 倾向于紧随 A 之后激发（反之亦然）。这种激发可能是一种附带现象，是生物体计算过程中不相关的副产品。但仅就一般情况而言，时序信息足以恢复绑定，Love 证明了一个独立的系统实际上如何使用时序信息来恢复一组绑定的。

时序异步解决了递归问题，但不能完全解决表示谓词的多个实例的问题。就像时序同步模型一样，在这个理论的最简版本中，谓词的实例之间会有串扰。这个问题可以通过对命题节点的假设来避免，但是当与所有连接都是预连线的（只有强度不同）假设相结合时，会出现严重的合理性问题。一种担忧是，随着命题数量的增加，系统需要越来越长的时间来稳定给定事实集的明确表示，而命题数量的增加可能需要在单个节点上实现不切实际的更高的时间精度。还有一个更严重的问题是，每个命题节点都需要预连线到每个可能的填充物，而这些填充物的数量是巨大的。需要尽可能地区分我们知道的每一个人名（*John*、*Mary*、*Thomas Jefferson*、*William James*）、小说名（*Dweezil*、*Moon Unit*）、对象（*cat*、*dog*）、宠物（*Felix*、*Fido*）、地点（*San Francisco*、*Beijing*），甚至本身就是递归定义的一些填充物，例如 *the waitress*、*the waitress at Nobu*、*the waitress who works the night shift at Nobu* 等。

这些递归组合本身可以通过使用一组中间元素的底层元素高效地构造。例如 Zsófia Zvolenszky（私人通信，1999 年 6 月 23 日）提出可以通过一个包含有序对的系统的预接线连接来构建复杂的元素，每一个有序对都连接到所有可能的原子填充物和其他有序对。但是，即使使用这种有效的方案，所需的连接数量也可能是无法承受的。根据 Pinker（1994，p.150）的估计，高中毕业生平均知道的单词数量约为 6 万个，我们可以假设原子填充物的数量约为 6 万个。每个中间单元至少需要连接到所有这些中间单元和其他中间单元，每个单元可能需要有数十万个连接。我们不能完全否定这一方案，但似乎是不太可行的。（如果节点可以等同于神经元，那么这可能与一个给定的神经元可以有多少连接的事实相关。就连以树突数量众多而闻名的锥体细胞这样的神经元，也只与几万个其他神经元相连，而不是与上述所需的数十万个神经元相连。）

4.4 新提议

虽然不能完全否定上述所提的方案，但很明显，每种方案都面临严重的问题。在这里，我提出一种替代方案，使用一组称为 treelet 的预结构模板来解释如何在神经基质中编码复杂的结构化知识。（严格地说，我下面给出的建议不是关于如何在神经元中实现层次结构，而是关于如何在寄存器系统中实现层次结构。假设 3.3.4 节讨论的实现寄存器的可能性中有一种是正确的，treelet 将在此基础上构建。）

4.4.1 treelet

treelet 是预先设计好的寄存器集的层次结构。每个寄存器集由一组有序的寄存器组成，这组寄存器类似于组成计算机字节的有序位集。（treelet 本身有点像计算机编程语言 LISP 中使用的数据结构。）图 4.10 描述了 treelet、寄存器集和寄存器之间的关系。每个矩形对应一个寄存器集，每个圆对应一个特定的寄存器。我的提议的基础是假设大脑储备了大量的空 treelet，可以通过填充空的 treelet（也就是说，通过在寄存器集中存储值）或通过调整 treelet 中包含的值来构建新知识。

给定的寄存器集可以保存各种简单元素的编码，例如 *cat*、*dog*、*Mary*、*love* 或 *blicket* 的编码。假设这些简单元素中的每一个都可以使用相同的预定寄存器数进行编码。这些编码对于任何给定的实体都是不变的（例如我们总是使用相同的编码来表示 CAT）。编码本身可以是完全任意的，并且完全随机选择。它可以是一些类似于数字代码的东西，按照时间顺序将该元素输入类似于心理词典的东西中：CAT 可能是 117，ZEBRA 可能是 5172。

另一种可能是，我称之为简单元素的编码是有意义信息的程式化版本。例如，CAT 可以用一串二进制位表示，比如 [1，1，0，等等]，这些位可以解释为 [+furry，+4-legged，-has-wings，等等]。但是这些特征并不是指在某个特定点上被表示的特定猫的属性，而是所有的猫（不管是不是四条腿的）都接受相同的编码。（由于这个原因，我所谓的简单元素可能是可分解的。我更愿意把这些简单元素看作原子：它们被自然而然地认为是分子结构的组成部分，无论在仔细观察下是否可分割。）

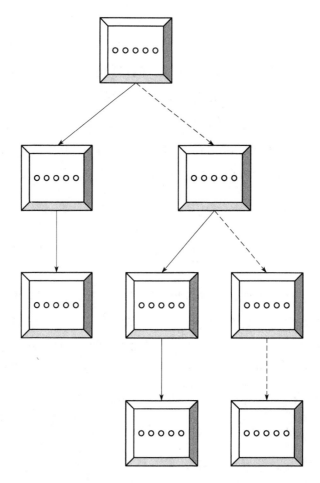

图 4.10　空的 treelet。矩形表示寄存器集，圆表示寄存器集中的单个寄存器。本图
　　　　从整体上描述了一个单独的空 treelet。实线和虚线表示寄存器集之间的两
　　　　种不同类型的指针

　　无论编码是任意的还是与（例如）某个种类的典型成员的语义特性相关，编码的原理都与 ASCII 码中字母的编码非常相似：给定实体的每个内部表示形式都是相同的。就像 A 在 ASCII 编码中总是 [01000001] 一样，CAT 也总是在内部被编码为相同的值，比如 [102110122021]。（treelet 中的位使用二进制还是多值，取决于基础寄存器是双稳态还是多稳态。）

　　学习新的事实时，我们需要将 treelet 中寄存器集的值设置为适当的值。图 4.11 给出了填充好的 treelet 的简单示例，其中图 a 表示寄存器的状态，图 b 说明 treelet 中的编码代表什么。

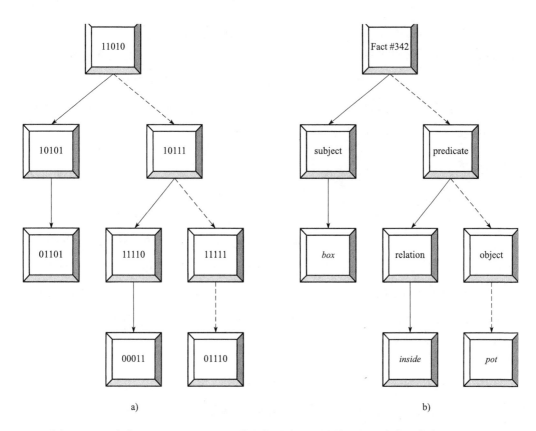

图 4.11　一个表示 *box inside pot* 的填充好的 treelet。其中每个寄存器集都包含一个
　　　　原子元素的分布式编码，元素之间的关系由预连线的指针给出

原则上，treelets 为语音、语法或语义信息提供了有效的基质，并且编码方案的细节随定义域的不同而变化。其分支结构也可能随定义域的不同而变化，比如语法使用二进制分支，语义使用三元分支，等等。

由于我们所表示的东西的复杂性随句子和想法的变化而变化，所以需要某种方法来表示不同复杂性的结构。有一种想法是使给定 treelet 的大小动态变化，这取决于一组只附加到直接邻近的寄存器集的预先存在的指针的状态。

另一种想法是，更大的结构可以通过使用几个固定长度的 treelet 来表示，这些 treelet 由某种编码系统联合起来，比如，每个 treelet 包含的结构不超过四层。例如，句子 *lions, the scariest mammals in the jungle, often lie around doing nothing* 可以用一组更小的由 treelet 表示的单元来表示，比如 *lions are the scariest mammals in the jungle* 和 *lions often lie around doing nothing*。因此，可以预料的

是，人们可能无法区分他们实际听到的话语和其他（从未听到的）复杂的存储单元重构。Bransford 和 Franks（1971）的一个著名实验表明，人们并不是很擅长回忆复杂句子的确切顺序和结构，这和上面的想法相一致。事实上，在熟悉度测试中，被试有时会发现他们听过的句子比从未听过的重构更陌生，这是因为重构中包含最初已分布在不同句子中的几种元素。

可以肯定的是，在某些情况下，我们可以准确地重构复杂的结构，例如在以下童谣的再现中：

This is the farmer sowing the corn that kept the cock that crowed in the morn that waked the priest all shaven and shorn that married the man all tattered and torn that kissed the maiden all forlorn that milked the cow with the crumpled horn that tossed the dog that worried the cat that killed the rat that ate the malt that lay in the house that Jack built.

但是，对这些句子的准确重构依赖于推理机制（例如，all shaven and shorn 的不可能是 *maiden*）和其他线索（比如节奏），而不是一个明确表示整个大型结构的系统。在任何情况下，现在我必须留下一个悬而未决的问题：treelet 的长度是否可以是无限的，或者它们是否具有固定的长度，然后基于与之关联的线索而连接在一起。（如果作为 treelet 最顶层元素的唯一标识符也可以作为终端元素，那么 treelet 就可以彼此直接连接。）

4.4.2　与其他方案的比较

与语义网络的比较。treelet 方法保留了语义网络的想法，但放弃了它的一个核心前提。语义网络的支持者通常假设每个原语元素仅由单个节点表示一次。例如，Anderson（1995，p.148）将语义网络比喻为由线连接的一团弹珠，节点类似于弹珠，链接类似于连接弹珠的线——所表示的每个原语对应一个弹珠。而在我看来，每个原语元素都被多次表示，每个所表示的命题对应一次。原语不是单个节点，而是可重用的活跃模式。

treelet 方法具有语义网络的许多优点。与语义网络方法一样，treelet 方法为表示层次结构提供了一种简单的格式。同样，它为表示特殊事物的问题也提供了一种直接的解决方案：可以为给定谓词的每个实例分配一个新的 treelet。此外，它与要表示的主语谓词的复杂性呈线性关系。

但是，没有一种表示（例如）cat 的空间可以传达上述两个可能的优点，尽管两者都不是完全令人信服的。首先，标准语义网络极易受到所谓的破坏祖母节点问题的攻击。如果单个 grandmother 节点是表示有关祖母的所有知识片段的物理部分，则对该节点的破坏可能会导致所有与祖母有关的知识的丢失。相反，如果关于祖母的知识是通过一组 treelet 进行编码的，则对单个寄存器集甚至对单个 treelet 的大规模破坏，都只会造成单一事实的损失。

其次，与语义网络不同，treelet 不依赖于任意元素之间快速构建的指针，也不依赖于大量预先构建的连接。相反，它们只依赖于独立激活的寄存器（请参阅 3.3.4 节中的讨论），以及一些可以按需传递原子元素的适当分布式编码的机制。不需要在线创建新节点和新指针。

与时序同步网络的比较。因为 treelet 使用编码而不是单个节点来表示给定的原语，所以它们也与时序同步网络不同。除了上述抗破坏能力之外，相对于时序同步网络系统，treelet 的另一个优点是可以表示真正的层次结构，而不仅仅是单一层次的绑定。另一个优点是，原则上，treelet 不受相位数的限制，因此（与时序同步网络相反）可以用于存储任意大量的事实而不受干扰。（可能时序同步适用于短期记忆，而 treelet 适用于长期记忆。）

与其他联结主义网络的比较。我的提议显然还得益于各种其他联结主义网络，在这些网络中元素被分配了分布式编码。但它与 Hinton（1981），Ramsey、Stich 和 Garon（1990），Rumelhart 和 Todd（1993）的系统不同，因为这些系统假设所有的命题都存储在一个叠加的基质中，而我假设每个命题都单独存储在独立的 treelet 中。

treelet 与叠加联结主义网络的不同之处在于，它需要一个外部系统来进行泛化。泛化不是 treelet 表示系统本身的自动属性，而是外部设备根据这些 treelet 的内容进行推断的结果。叠加的联结主义方法不区分已知的事实和推断的事实，而

treelet 方法为不是已知的事实（例如，*penguins have gizzards*）派生一个额外的机制，比如应用集包含规则的机制（例如，*penguins are birds*，*birds have gizzards*，因此 *penguins have gizzards*）。

正如我在讨论 *penguins that swim but don't fly* 时所争辩的那样（请参见 4.2 节），将单独的表示资源分配给单独的命题是一种更好的处理方式，因为它更容易准确表示知识，而不会遭受灾难性的干扰或剧烈且不合适的过度泛化的风险。

Smolensky 的张量微积分。Smolensky（1990）尚不清楚（据我所知）如何表示多个命题的，无论这些命题是叠加存储还是使用单独的节点集。在任何情况下，与张量微积分方法相比，treelet 的一个重要优点是，张量微积分需要以指数方式增加节点数量来编码更复杂的结构，而 treelet 只需要线性增加节点数量即可。

4.4.3　一些限制

尽管我认为 treelet 方法有很多用处，但仍然面临一些严峻的挑战。人们可能会有的疑问是，计算机（目前最明确的信息处理模型）为什么很少以这种方式表示信息（目录结构除外）？在标准计算机架构中，搜索大量层次结构集合的信息非常慢，因为标准架构必须以串行方式进行搜索，并逐一检查存储项的集合。与之相反，可以并行搜索 treelet，并使用某种外部信号来调用与特定标准集相匹配的 treelet 进行响应。

这种观点要求 treelet 比数字计算机中标准使用的被动搜索存储器更主动。实际上每个内存都是一个简单的处理器，仅在满足特定搜索条件时才会响应。Fahlman（1979）的 NET-L 系统的工作方式与此类似，尽管像语义网络一样使用的是由单个节点表示的原语。Minsky（1986）提出的由相对简单的自治智能体构建社会的想法与之有些相似。

互联网拍卖网站 eBay 是一个类似的现实场景，它就是以这种方式运营的。卖东西的信息会通过广泛的网络发送各个地区，所有有兴趣的人会同时积极响应并且报价。中央执行程序对这些信息进行核对，并应用一条简单规则来选择一条信息（选择出价最高的人）。这种由自主 treelet 组成的系统的神经模拟类似地响应中央执行程序传递的消息（或一组监督处理器传递的消息）。这样的系统提供了一种强大的方式来存储和搜索复杂的、灵活的结构化信息。

除此之外，还有一些来自语义网络的担忧。诸如 Woods（1975）以及 Johnson-Laird、Herrmann 和 Chaffin（1984）等学者正确地批评了一些草率使用语义网络的方式。语义网络和 treelet 等提议在某种意义上是关于表示格式的建议，因此实际上它们在表达内容方面是不受限制的。使用这些提议作为一种符号的人很容易滥用这些形式，并且无法以一致的方式使用节点。在语义网络的情况下，必须认真关注什么是节点，以及节点之间的链接可以表达什么类型的东西，等等。（例如，如果某些节点指向 telephone 和 black，它究竟意味着 *black telephone* 或 *all telephones are black* 还是 *all black telephones*？）对于 treelet 来说，注意这些问题也同样重要，因为模糊的结果会影响到没有约束的 treelet 的使用，就像影响到没有约束的语义网络的使用一样。

尽管存在这些问题，我还是继续支持 treelet，因为我认为问题并不在于系统本身。treelet 和语义网络都可以表示巨大的、本质上是无限范围的事物，但人们实际上表示什么（而不是原则上表示什么）的问题是一个包含两个部分的问题：一部分是关于事物表示格式的形式化属性；另一部分是关于知识和推理约束，这些知识和推理控制着使用这些表示格式实际编码的信息种类。我的观点是，这两个问题是独立的，关于内容特定约束的问题超出了本书的范围。关于存储哪些知识的内容特定的问题不应该让我们对与内容无关的问题视而不见，即如何在神经基质中实现支持内容相关知识的表示格式[6]。

即使我对 treelet 的理解是正确的，但是还存在一个悬而未决的问题：什么样的机制可以操作 treelet？我只讨论了关于 treelet 可以表示什么的问题，而这些机制在神经基质中的实现方法还有待讨论。就目前而言，我能说的关于监督机制的就是它可能依赖于类似于电话交换网络的东西——在交换网络中，被交换的总是一组并行连接。我提出的将表示问题与处理问题分离的建议，在某些方面远不如 Hinton（1981）等学者和 PDP 研究组（McClelland，Rumelhart & the PDP Research Group，1986；Rumelhart，McClelland & the PDP Research Group，1986）的提议那样坚决。这些学者试图对表示和操作这些表示的过程进行描述。在这里，我将采取更为谨慎的方法来讨论表示，而不过多谈论处理过程。但是我仍然认为如何在神经基质中实现结构化表示的问题非常值得关注。希望我们能在这方面取得一些进展，即使目前还不知道其处理机制。虽然我不能提供关于处理机制的更精确的说明，但希望我已经说明 treelet 是值得考虑的。它们可以提供一种快速表示复杂结构化知识的方法，而不依赖于需要无限精确度的节点和在任意节点之间快速绘制连接的机制。

4.5 讨论

我在本章中指出，递归地表示结构化知识片段的能力是人类认知的核心，而像标准多层感知器这样的模型很难捕获我们表示这些知识的能力。现在已经有很多关于在神经基质上实现这种能力的提议，虽然我们还不能在这些替代方案中做出正确的选择，但这些提议中的每一个都实现了与递归的符号加工相同的机制。每一种模型都包含原子单元和复杂单元之间的系统差异、一种将这些单元组合成新的复杂单元的方法，以及一种将新的复杂单元组合起来作为新的输入的方法。

由于各种各样的原因（非决定性的），我主张使用由一组空模板（treelet）组成的表示系统，其中包含多组分布式节点（寄存器集），这些节点包含对原语的编码。这样的系统不需要过多的节点或连接，也不需要在节点之间快速建立新的连接的系统，但它能够编码复杂递归系统（如人类语言）中可表达的结构范围。

个　体

　　我们对世界的许多认识都与种类（或类别）和个体有关。我们了解 DOGS，也了解某些特指的 CATS，比如莫里斯和菲利克斯猫（当然，菲利克斯猫不仅仅是一只猫，还是一种哺乳动物，一种有自己卡通形象的猫，等等）。

　　通常，只要我们能表示某个种类（无论多么精细地指定），就可以表示（或想象）属于该种类的个体[1]。如果我可以表示种类 COW，我就可以表示一头特定的牛；如果我可以表示种类 DERANGED COW FROM CLEVELAND，我就可以表示克利夫兰的一头特定的疯牛。总之，只要我能表示某个种类，就可以表示属于该种类的多个个体（例如克利夫兰的三头疯牛）[2]。

　　正如 Macnamara（1986）和 Bloom（1996）所阐述的那样，表示特定个体的心理机制并不局限于表示特定的宠物和我们亲近的人。除此之外，我们可以表示特定物体（我可能会关注我的杯子和你的杯子之间的区别，即使这两只杯子的构造是相同的）、特定想法（我们可以区分三项不同的主干道重建计划并追踪哪一项会赢得竞争）、特定事件（这次波士顿马拉松赛和另一次波士顿马拉松赛）和特定位置（小时候居住的村庄和现在居住的村庄）。

　　在许多方面，我们对个体的心理表示与对种类的心理表示十分相似。例如，许多可应用于个体心理表示的谓词，也可应用于种类（反之亦然）。我们可以说 *Fido has a tail*，或者可以说 *dogs in general have tails*。可以说 *Felix has a fondness for chasing perky little mice*，或者可以说 *cats in general have a fondness for chasing perky little mice*。同样，正如我们不必将对一种种类的了解泛化到另一种（*unlike many other winged birds, penguins cannot fly*），我们对一种个体的了解也无须泛化到另一种（如果我听说 *Aunt Esther won the lottery*，我不会自动认为

Aunt Elaine has also won the lottery）。此外，我们经常可以根据某些特有特征来识别特定的个体（尽管这种方法并不完美），类似地，通常也可以根据某些特有特征来识别特定的种类（这种方法也不完美）。我们猜想用金属钩代替一只手的人就是Hook 船长，并且猜想在育儿袋里携带其幼崽的生物体就是袋鼠。（每个识别过程都是容易犯错的：我们可能会把沙袋鼠误认为袋鼠，就像我们可能误认为其他海盗和 Hook 船长一样用金属钩代替一只手。）很明显，我们在表示种类和表示个体的方式上有很多重要的相似之处。

此外，我们对种类和个体的表示是相互依赖的。例如，随着时间的推移，我们如何追踪特定的个体取决于我们将其视为属于哪个种类。在笛卡儿去世的那一刻，我们认为笛卡儿这个人不再存在了，但是如果把笛卡儿的身体当作一个物理对象，他就会一直存在，直到他的身体分解为止。（关于"种类提供了我们在一段时间内追踪个体的标准"这一观点的进一步讨论，请参阅Geach，1957；Gupta，1980；Hirsch，1982；Macnamara，1986；Wiggins，1967，1980。）

相反，表示个体的系统甚至可以影响我们对种类的典型特征的了解。例如，如果我一个人带着一只三条腿的狗生活在小木屋中，那么我接触到狗的实例的大部分时间都是狗为三条腿的事件。尽管有这种经验，我仍然相信狗通常是有四条腿的（Barsalou，Huttenlocher & Lamberts，1998）。我没有比较我看到一只三条腿的狗的次数（假设很频繁）和我看到一只四条腿的狗的次数（假设很罕见），而是比较了我遇到过多少个拥有三条腿的狗的个体（只有一个）和我遇到过多少个有四条腿的狗的个体（有许多个），从而得出结论，狗通常有四条腿——即使我看到的大多数实例包括一只恰好有三条腿的特定的狗。因此，我对种类的典型特征的表示是受个体的心理表征所影响的[3]。

与"个体表征会影响我们对种类的了解"这一直觉相一致，Barsalou、Huttenlocher 和 Lamberts（1998）进行了一组实验，他们向被试展示一系列图画，其中一些图画似乎是相同的。在一种情况下，他们引导被试相信这些似乎相同的实例是类别中的不同个体；在另一种情况下，他们引导被试相信似乎相同的实例是同一个体的重复出现。在第一种情况下，被试通过图画的呈现次数来加权对类别的判断，而第二种情况下的被试则不然。我们判断看到的样本是否属于不同类别，取决于我们是否相信这个实例是一个新的个体。

虽然我们对个体的心理表征和对种类的心理表征在许多方面是相似且相互依赖的，但这并不意味着两者之间没有区别。这种区别，或者类型（实体的类）和符号（类的特定实例）之间的密切联系，在语义表示理论中是标准的（例如，Chierchia & McConnell-Ginet，1990；Heim & Kratzer，1998；Partee，1976），并且已经被诸如 Anderson 和 Bower（1973）、Fodor（1975）、Pylyshyn（1984）以及 Jackendoff（1983）等学者认为是人类认知的基础。

一个能够表示特定个体的系统应该支持两个基本过程：个体化和随着时间的推移的识别。个体化是一种在某个种类中挑出特定个体的能力，例如挑出这只杯子和那只杯子，而不只是挑出差不多的 COFFEE CUPNESS。随着时间的推移，依赖于个体的识别是一种分辨一个个体和另一个体是否相同的能力，例如，那只杯子是不是我昨天用来喝水的杯子？

5.1　多层感知器

虽然"大脑表示种类和个体的方式不同"的观点被广泛接受，但值得重新审视。重新审视的动力来自多层感知器，因为至少在标准化的构思下，它们并没有编码个体和种类之间的区别。

除了下面介绍的一个例外，多层感知器中的输入节点只涉及属性或类别，而不是特定的个体。在图 5.1 的局部模型中，如果输入为种类 CAT，则输入节点 1（从左边数）打开；如果输入为种类 DOG，则输入节点 2 打开；以此类推。

在图 5.2 所示的分布式模型中，如果输入属于 FOUR-LEGGED THINGS，则输入节点 1 打开；如果输入属于 WHISKERED THINGS，则输入节点 2 打开；如果输入属于 FOUR-LEGGED AND WHISKERED，则节点 1 和节点 2 都被激活。

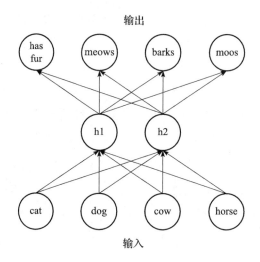

图 5.1   局部多层感知器

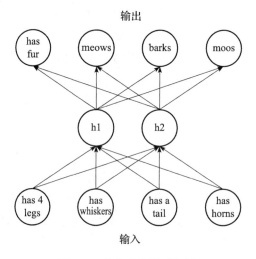

图 5.2   分布式多层感知器

这种表述方式是有问题的。正如 Norman（1986，p.540）所说：

……问题是能够处理同一概念的不同实例，有时还需要同时处理。因此，如果系统知道"约翰吃三明治"和"海伦吃三明治"的区别，那么系统必须把这些三明治当作不同的三明治。这种能力对于 PDP 系统来说并不容易实现。PDP 系统非常善于表示一般属性，即适用于对象类的属性。这就是该系统可以泛化的地方，即自动生成默认值。但是，实现使单个实例保持独立的附加能力似乎要难得多。

……在传统的符号表示中……这个问题是直接明了的，解决办法也显而易见。然而，在这里（在 PDP 模型中），必须引入相当大的复杂性才能处理这些问题，即使如此，问题是否能完全解决也仍不清楚。

当前多层感知器的认知表示中也存在同样的问题，因此值得详细阐述 Norman 的言论。一个问题是，在上面描述的各种表示方案中，属于同一种类的两个实体（例如，FOUR-LEGGED，WHISKERED THINGS WITH TAILS）以相同的方式激活输入。如果菲利克斯猫和莫里斯⊖都属于同一类别，那么它们的编码方式是相同的。因此，第 4 章中讨论的护士和大象问题的一个变体是：没有办法区分菲利克斯猫和莫里斯，也没有办法区分两者的交集。

这个问题已经存在很多年了（Drew McDermott，私人通信，1997 年 1 月 8 日），它有时被称为两马问题：如果通过打开特征 X、Y、Z 来表示马 1，可推测出必须用相同的特征集来表示孪生马 2。因此，激活"马 1 和马 2"的特征与激活两者之一的特征相同。由此可见，表示马 1 和表示马 2 之间没有区别。当我们想表示两匹马而不是一匹马时，可能考虑通过增强所有特征的激活强度来解决这个问题。不过，如果活性值被用来指示给定特征的置信度——这是一个常见的假设，那么将导致的结果是，在 X、Y、Z 都被强烈激活的表示中，"只有一匹马是可清晰感知的"与"两匹马都不是那么清晰地被感知"之间的界限是模糊的。

我们可以简单地规定一个节点代表菲利克斯猫，另一个节点代表莫里斯。例如，Hinton 的家谱模型包含表示特定家庭成员的节点。但这样的节点标记回避了上述问题。节点本身并不区分种类和个体，相反，它们都使用了完全相同类型的表示资源——节点。为什么一组节点应该响应种类，而另一组节点应该响应个体，这个问题并没有解决。

用不同的术语来说，检测 FELIXSHAPED ENTITIES 的节点与识别 VERTICAL LINES 或实例 LETTER A 的节点属于相同的一般类型。但只响应菲利克斯猫本身（即使它身着伪装）而不响应与其相同的孪生猫的节点，将是一种完全不同的模块：这种模块不是由某种模型感知模式的程度驱动，而是由并非菲利克斯猫明确显露

⊖　"竞选"墨西哥市长的宠物猫。——编辑注

的某些时空信息所驱动的。虽然对形状做出响应的机制可以建立在没有记录特定个体的特有信息的独立机制的情况下，但只对菲利克斯猫做出响应的机制可能很大程度上依赖于独立的、无法解释的机制，这种机制能够真正实现个体追踪。

即使把这些问题放在一边，也有事实证明，无论节点标签代表什么，多层感知器都不能为随着时间的推移来追踪个体（或至少单个物体）提供足够的基础。在随时间而追踪个体或物体时，时空信息优先于大多数类型的属性信息。这一点在吴宇森 1997 年的电影《变脸》中得到了很好的说明。在电影的开头，我们看到一个尼古拉斯·凯奇面容的罪犯杀死了一个六岁男孩。之后，凶手接受整形手术，使得自己的面容变为正在追捕他的侦探（由约翰·特拉沃尔塔扮演）。同时，侦探也做了整形手术，并拥有了凯奇的面容。整容后，我们认为凶手是现在面容为特拉沃尔塔的角色，而不是面容为凯奇的角色——尽管在电影开始时，我们看到谋杀小男孩的是面容为凯奇的人！我们更关心杀手的时空历史，而不是他（目前）的面容。

各种各样的实验（在好莱坞之外进行的）强化了我们的直觉，即当我们追踪个体时，时空信息胜过关于外表或感知属性的信息。例如，Michotte 对表观运动的研究（1963）表明，在看两幅快速交替的静态图像时，我们看到的运动（至少在某些情况下）更多地受时空信息而不是形状和颜色等属性信息所支配。

最近，Zenon Pylyshyn 和他的同事（Pylyshyn，1994；Pylyshyn & Storm，1988；Scholl & Pylyshyn，1999）以及 Scholl、Pylyshyn 和 Franconeri（1999）开发了一些实验步骤，他们要求参与者在大量（如 10 个）相同的干扰项中追踪多个（如 5 个）运动目标。通过研究时空信息和属性信息之间的权衡，Scholl、Pylyshyn 和 Franconeri（1999）发现，在这些条件下，我们能够注意到一个物体何时违反了时空连续性属性（比如它们突然消失或自然出现的时候），但却无法注意到物体的颜色或形状等属性的变化。同样，Scholl 等人发现，我们善于察觉消失物体的位置，但却不善于察觉物体的颜色或形状。这些研究再次强调，在追踪单个物体时，时空信息胜过其他类型的属性信息。

再举一个例子，考虑 Cristina Sorrentino（1998）最近的一系列实验，如图 5.3 所示。Sorrentino 让三岁儿童看一只戴彩色围兜的毛绒熊（或穿斗篷的洋娃娃），儿童被告知"这是 Zavy"。然后，这只毛绒熊被转移到一个新的地方，彩色围兜也被拿走了。接着，另一只同样类型的毛绒熊被带到原来的地方，并戴上了围兜。之后向这些儿童提问："哪一只是 Zavy？"儿童应该指哪一只？在这种情况下，成人会指着第一只毛绒熊。Sorrentino 发现，三岁儿童也会这样做：他们会指向最初的那只熊（现在没有戴围兜），但拒绝认为第二只（诱饵）熊是 *Zavy*。因此，当儿童用正确名字的语法学习单词 Zavy 时，他们会把 Zavy 这个名字的持有者当作一个个体来对待，并且，在追踪这个名字的持有者时，时空信息胜过属性信息[4]。

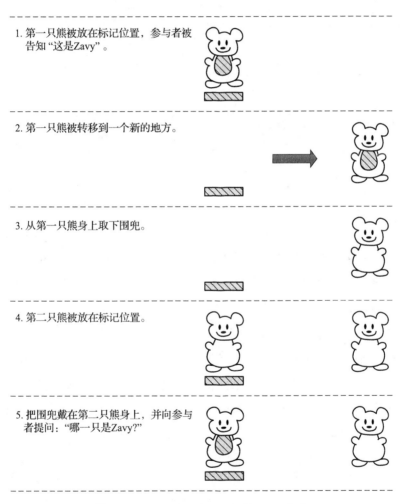

1. 第一只熊被放在标记位置，参与者被告知 "这是Zavy"。

2. 第一只熊被转移到一个新的地方。

3. 从第一只熊身上取下围兜。

4. 第二只熊被放在标记位置。

5. 把围兜戴在第二只熊身上，并向参与者提问："哪一只是Zavy?"

图 5.3　Sorrentino（1998）的 Zavy 实验

人们可以想象用图 5.4 所示的模型来逼近 Sorrentino 的 Zavy 实验的结果。这类模型已被应用于单词学习和类别学习问题（Gluck，1991；Plunkett，Sinha Møller & Strandsby，1992；Quinn & Johnson，1996）。

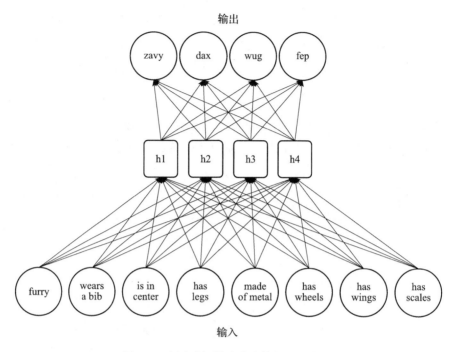

图 5.4　多层感知器追踪个体的一种尝试

尽管这样的模型可以解释当 Zavy 指的是一个普通名词的属性时儿童是如何对待这个单词的，但这样的模型不能轻易捕获当 Zavy 作为一个名字被引入时会发生什么。回想一下，儿童只对第一只熊使用 Zavy 这个词，而拒绝对第二只（诱饵）熊使用 Zavy 这个词。当我在任务中应用多层感知器时[5]，发现正好相反：在响应第二只（诱饵）熊时，模型激活 Zavy 节点的强度实际上比响应第一只熊时更强烈。位置特征没有帮助，事实上，它们会让问题变得更糟，因为该模型之后会将 Zavy 与"处于中心位置"联系起来。我们无法利用 Zavy 的位置来更新模型对问题的理解，除非另外提供关于 Zavy 的标记经验。但是，如果环境没有提供这种标记，则只能由网络进行推断——多层感知器似乎不提供这一机制。

在这些模型中，学习是和一个特定的事件联系在一起的。模型关于 Zavy 含义的唯一信息源是在模型听到 Zavy 这个词时激活的一组输入节点。当为模型提供一个标记为 Zavy 的实例时，由于 Zavy 位于中心位置，因此模型将 Zavy 标记与（除了其他方面）位于中心位置的实例关联起来。对于 Zavy 所属种类的实例（TEDDY BEARS WITH BIBS），与不在中心位置的实例相比，位于中心位置的实例与 Zavy 输出节点的关联更强。如果 Zavy 指的是某个种类（比如 BEARS WITH

BIBS）就好了，但事实上，它与人们所需要的能够追踪个体的系统正好相反。

因此，即使有一个节点表示 Zavy，仍然存在两个问题：当 Zavy 的坐标随时间变化时，如何将该节点与坐标连接起来；以及如何使模型不做出"所有共享 Zavy 属性的实体都是被称为 Zavy 的个体"这一假设。尽管人们优先考虑时空信息而不是物理外观信息，但至少按照标准的设想，多层感知器无法提供追踪变化的时空信息的方法。相反，多层感知器是由有关标记和属性之间相关性的信息所驱动的，而从来没有真正表示过这样的个体。

5.2　客体永久性

读者可能会担心我在这一点上是在攻击一个假想的对手。事实上，就我所知，还没有人直接宣称多层感知器模型可以捕获在追踪特定个体的过程中所涉及的计算。尽管我强调了多层感知器在随着时间推移的过程中追踪个体的困难，但我认为对个体进行表示的重要性被忽视了。例如，在讨论客体永久性的计算模型时，令人惊讶的是没有区分种类－个体的概念。

5.2.1　客体永久性的实验证据

客体永久性是指物体在时间中持续存在的理论，这个理论不是必需的，也不是对每种生物体一定适用的。像 David Hume 一样坚定的怀疑论者会怀疑我们是否能证明这一理论：如果特定的个体总是被完全相同的复制品所取代（一个分子一个分子地重建，就像《星际迷航》中的传送器一样），我们就不能确定了。但在日常生活中，我们把这些怀疑抛在一边，并假设物体确实持续存在于时间中。客体永久性不是指现在看到一个狗的实例，之后又看到一个狗的实例；它是指现在看到小狗 Fido，并假设之后看到的实际上是同一只狗——仍然是 Fido。

一些实验表明，成人和婴儿都具有追踪特定物体的持续存在的能力，而不仅仅是追踪种类。例如，Spelke、Kestenbaum、Simons 和 Wein（1995）进行了一项实验（如图 5.5 所示），他们让一个四个月大的婴儿坐在舞台上。舞台上最初放置两块屏风，婴儿看到了一个物体（在他们的实验中是一根木杆）从第一块屏风后经过，很快，婴儿看到一根相同的木杆从第二块屏风后出现。之后，木杆回到第二块屏风后，一段时间后，木杆又从第一块屏风后出现。这种反复的过程持续了好几次，直到婴儿厌烦为止。然后婴儿看到屏风被抬起，此时设置了露出一根木杆或两根木杆（每块屏风后面各有一根）两种情况。Spelke 等人发现，当婴儿只看到一根木杆时，他们注视的时间更长，因为婴儿通常会更长时间地注视新的或不熟悉的结果，这表明婴儿"期待"看到两根木杆。除了表示 RODNESS 之外，婴儿似乎也有不同的个体心理表征，这些个体对应于特殊的杆状符号。

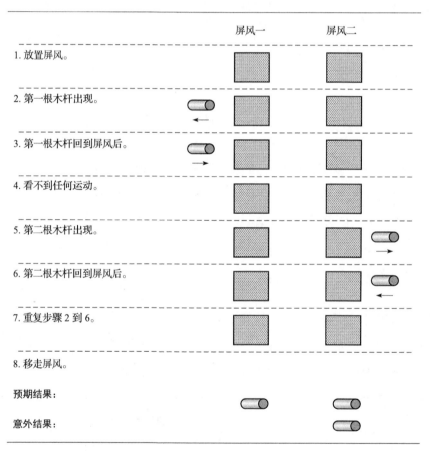

图 5.5   Spelke、Kestenbaum、Simons 和 Wein（1995）的分离屏风实验。图像改编自 Xu and Carey（1996）

　　婴儿必须能够表示和追踪特定种类实例的永久性，这一结论也得到了 Karen Wynn 的一些实验的支持。在 Wynn（1992）的实验中，四个月大的婴儿看到一块屏风被放在第一只米老鼠玩偶前，然后，他们看到第二只米老鼠玩偶被放在屏风后（见图 5.6）。在测试实验中，当屏风被移走后，设置了露出两只玩偶和一只玩偶两种情况，此时，婴儿对一只玩偶的注视时间更长。(其他条件从两个物体开始，拿走一个，拿走两个，以此类推。每一次，婴儿注视意外结果的时间都比注视预期结果的时间长。)除了表示 MICKEY MOUSENESS 之外，婴儿也会表示特定的米老鼠玩偶。婴儿是真的在计数物体的数量（Wynn，1998b），还是仅仅使用不同的客体档案来表示不同的物体（Simon，1997，1998；Uller，Carey，hunley-fenner & Klatt，1999），对此仍然存在争议。但无论如何，这些实验以及其他类似的实验表明，婴儿确实能表示并追踪单个物体[6]。

1. 一个物体被放置在舞台上。

2. 手撤回，屏风抬起。

3. 第二个物体被添加到屏风后。

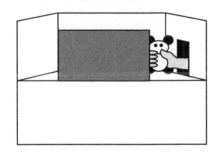

4. 手撤回。

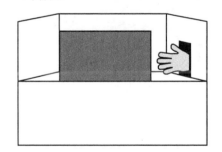

放下屏风，设置以下两种情况：

5a. 露出一个物体。

或

5b. 露出两个物体。

图 5.6　Wynn（1992）的米老鼠实验

5.2.2　缺乏显式表示种类和个体之间区别的客体永久性模型

虽然客体永久性的定义似乎表明，一个真正能够表示客体永久性的系统需要表示种类的心理表征与个体的心理表征之间的差异，但实际上并不是所有客体永久性的计算模型都包含这样的差异。最近的两种客体永存性的联结主义模型尝试在不明确区分种类和个体差异的情况下至少捕获系统中客体永久性的某些方面（Mareschal，Plunkett & Harris，1995；Munakata，McClelland，Johnson & Siegler，1997）。

尽管模型在种类和个体之间没有任何明确的区分，但这两个模型乍一看似乎都包含客体永久性的某些方面。例如，Munakata 的模型（如图 5.7 所示）涉及一系列事件，屏风在一个物体前来回移动。在测试中，该模型预测，当屏风经过某个特定点时，屏风后面的东西就会成为可见的。

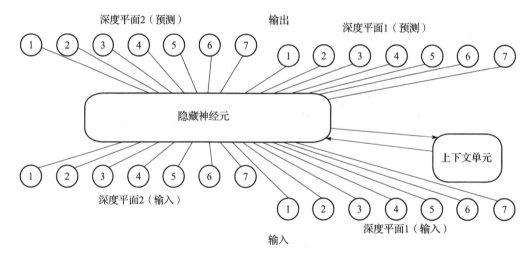

图 5.7　Munakata、McClelland、Johnson 和 Siegler（1997）的客体永久性模型。模型的输入是一个感知器，它由两个深度平面组成——一个会出现屏风的前平面和一个可能出现球的后平面。输出是模型对这两个深度平面在下一个时间步会是什么样子的预测。将 14 个输入节点分为两组，每组 7 个节点，一组表示近深度平面对应的感知，另一组表示远深度平面对应的感知。当且仅当所在位置有可见的东西时，对应节点才是激活的。（因此，如果后平面中的物体被前平面中的物体遮挡，则远深度平面中被遮挡物体对应位置的节点不被激活。）该模型的任务是在 t_1 到 t_n 时刻接受一系列感知，并预测 t_n+1 时刻的感知

这个模型是一个简单循环网络，它有一组共同表示感知的输入单元和一组表示预测感知的输出节点（见图 5.7 中的说明），但它远非完美的模型。例如，它受 3.2 节描述的训练独立性问题的影响。为了说明这一点，我在一组 13 个非常相似的场景中训练网络，然后在第 14 个场景中测试模型。即使在经历了 13 个场景之后，模型也从来没有派生出一个关于物体遮挡的抽象。在第 14 种情况下，模型犯了奇怪的错误，比如预测遮挡物后面的物体依然可见（Marcus，1996a）。Mareschal、Plunkett 和 Harris（1995）的模型也可能存在类似的问题。

对于当前的目的来说，比训练独立性所带来的限制更重要的是，模型从来没有真正表示客体永久性的基本概念，即一个特定物体在时间中持续存在。要真正捕获客体永久性，就必须明确我称之为客体永久性和客体替换这两种场景之间的区别。例如，如果我给你一杯咖啡，然后用另一杯相同的咖啡替换它（在你没有注意到的时候），这就是客体替换场景。只有当两个杯子没有被调换时，才有真正的客体永久性。

Munakata 和 Mareschal 所提出的模型及类似模型不能表示这两种场景之间的区别。此外，模型永远学不到这样的区别。原因很简单：模型的输入只包含可感知的特征，而在客体替换场景中，模型的输入与真正的客体永久性场景中的输入完全相同。这两个场景必须以相同的方式编码——也就是说，它们必须始终激活相同的输入和输出节点集——因此模型无法区分它们。类似地，这类模型也无法区分以下两种情况：当一个持续存在的物体将其外观从 A 更改为 B 时引起的惊讶，以及当一个外观为 A 的物体被另一个外观为 B 的物体替代时引起的惊讶。这个模型真正捕获的是这样一个概念，如果我们在 t 时刻看到 K-NESS，然后出现了一个遮挡物，那么在遮挡物移走后我们会看到 K-NESS。

实际上，这些研究人员已经建立了必须要学习客体永久性和客体替换之间的区别的模型。但也许这种学习是不可能实现的。相反，试图编码真正的客体永久性和纯粹的客体替换之间的区别——在没有内部机制可以区分个体和种类的情况下，可能类似于在没有内部给定的颜色感受器的情况下区分两块同样亮度的色块。建立一个模型来描述这样的感受器是如何增强的是合理的，但建立一个模型来描述这样的感知器是如何被学习的则是荒谬的。同样，试图建立一个模型来说明表示个体的能力是如何显著增强的可能是合理的，而不是建立一个模型来说明这种能力是如何被学习的。

5.3 明确区分个体表示与种类表示的系统

什么样的系统能充分表示个体？一种可能是建立一个心理表征数据库，为每个要表示的个体提供单独的记录。根据这一观点，每次遇到一个特定的个体时，就可以访问作为该个体的心理表征的已经存在的记录，或者，如果没有关于该个体的记录，则可以创建一个新记录（也可能会犯错误，例如为已经存在但未被识别的个体创建新记录，这显然是不合适的）。

至少有三个研究婴儿如何理解物体的模型使用了类似的方法（Luger，Bower & Wishart，1983；Prazdny，1980；simon，1998）。例如，关于 Wynn 的米老鼠任务，Simon（1998）提出了一个模型，其中每个个体都由一个特定的记录表示。给定个体的记录包括两部分：关于个体属性的信息（它是可见的还是隐藏的，它是向左、向右移动还是根本没有移动，等等）；一个任意的数字标记，用于"识别实际涉及的标记"。

与 Munakata 和 Mareschal 的模型相反，Simon 的模型将物体表示为在时间中持续的——甚至先于任何经验。模型唯一能学到的就是特定物体在哪里以及它们的属性是什么。模型内置了一组生产规则（Anderson，1993），确保在物体第一次被提及时为该物体创建一个记录[7]。这样的记录会无限期地持续存在，并使用进一步的生产规则来标记被遮挡为隐藏状态的物体。有了这个内部机制，Simon 能够轻松地捕获 Wynn 实验的结果；如果添加少量的额外机制，该模型也能轻而易举地捕获 Sorrentino 实验的结果。

Prazdny（1980）以及 Luger、Bower 和 Wishart 的类似模型（1983）被用来模拟 T. G. R. Bower（1974）对婴儿的物体概念的研究。和 Simon 一样，Prazdny 和 Luger 等人都建立了为每个单独物体创建不同记录的机制，以及一套加工这些表示的规则。与 Munakata 和 Mareschal 的模型不同，所有基于记录的模型都可以表示客体永久性和客体替换之间的区别，并将其自由泛化到任何物体。（只需稍加修改，Trehub 在 1991 年提出的基于记录的模型就可能达到同样的效果。)

当然，这些基于记录的模型只是简单的示例，并不能充分说明人们是如何随时间而追踪物体的。最终，人们可以使用各种现实世界的知识来决定两种感受器是对应一个潜在的物体还是两个不同的物体。只有当一个给定的物体从开始观察到结束观察时是连续可见的，我们才能确定其没有被复制品所取代。另外，现实世界的知识就变得重要起来（是否有人会在我休假时闯入我的办公室，然后偷偷地用一个完全相同的复制品替换了 La-Z-Boy 躺椅？）但关键是，基于记录的系统提供了一种表示客体永久性和客体替换之间差异的基质，并提供了一个地方来存储关于物体如何在空间和时间中移动的信息。只有全知系统才能完全区分一个特定的事件是属于客体永久性还是客体替换，但唯一可以尝试的系统是区分类型和个体的系统。

5.4　记录和命题

尽管这些模型中没有一个能完整地描述在表示、识别和积累各种个体知识时必须涉及的计算，但它们确实提供了一个有希望的起点。然而，我想指出的是，在这些关于儿童的物体理解模型中使用的记录系统在某种重要的方面过于简单。（这并不是对这些模型的批评，相反，很容易对这些模型进行修改，以便与我所建议的替代表示格式相协调。）婴儿的物体理解模型在某些方面非常类似于在简单的计算机数据库中使用的模型，因此它们太不灵活。

为了明确其中的限制因素，考虑一个原始的计算机地址簿程序。这样的地址簿程序由一个表组成，其中的行表示特定的个体，列表示这些个体的属性。例如，在表 5.1 中，第三行是描述 Peter 的记录，第二列和第三行交叉的单元格告诉我们 Peter 住在 789 West Street。

表 5.1　地址簿程序的数据库格式

名　　字	家 庭 地 址	家 庭 电 话	等　　等
John	123 Main Street	413-555-1212	…
David	456 South Street	410-629-4391	…
Peter	789 West Street	617-442-8272	…

这种原始数据库在两方面非常严格地处理它们所能表示的内容。首先，它们通常限于一组预先指定的字段。例如，早期的计算机地址簿有记录家庭电话号码和办公室电话号码的字段，但不包括记录手机号码的字段，而且没有办法添加这样的字段。其次，这类数据库严格限制了可以放在某个特定字段的内容。例如，电话号码通常限制为 10 位数字（区号加上 7 位本地号码），无法包含国家代码。婴儿模型中使用的记录也受到类似的限制。

我们用来追踪个体的心理系统显然更加灵活，无论是其可以表示的字段类型，还是可以放入这些字段的信息。我们完全有能力随时向心理数据库中添加新的字段。例如，一旦了解了什么是 Pokémon 卡，我们就可以开始编码某个朋友拥有多少张 Pokémon 卡的事实，从而灵活地将一个新的字段添加到心理数据库中。同样，我们处理存储在心理数据库单元格中的各种信息时也非常灵活。例如，在心理数据库中，眼睛颜色不必只是简单的棕色、蓝色或绿色，就 David Bowie 而言，他的眼睛颜色可以是蓝色（右眼）和绿色（左眼）。同样，描述尺寸时可以使用精确的定量术语（6 英尺 2 英寸高）或复杂的定性术语（比大众甲壳虫大，但比本田思域小）。

此外，原始数据库给每个个体分配相同的字段，但我们的心理表征似乎更灵活。在计算机地址簿程序中，对于没有办公室的人，我们可以将办公室电话号码字段留作空白，但不能完全省略该字段。相反，在关于个体的心理数据库中，我们显然可以用不同种类的字段来表示个体，从而定制需要关注的信息——运动员的跑步时间，同事的论文引用数，等等。

我想说的是，我们的心理数据库更像是一组心理编码的命题，而不是一个有大量空单元格的心理编码表。如果我们把句子存储在大脑中——也许使用第 4 章中描述的 treelet 系统，就可以尽可能灵活地记录所需的关于特定个体的任何信息。如果我是第一次了解什么是 Pokémon 卡，并立即想表示我的妹妹 Julie 已经收集了 11 张卡片，那么只需添加另一个命题。在一些巨大的（可能很大程度上是空的）表中，没有必要在每一行中添加一个拥有的 Pokémon 卡数量字段。

我不认为这样的命题被存储成逐字逐句的口语句子。几十个认知心理学实验表明我们会记住听到的要点，而不是逐字逐句的一串单词（例如，Bransford & Franks，1971）。不过，很明显，我们听到的句子和被编码的信息之间有着密切的关系。

5.5　神经实现

当然，我们已经看到了这些句子在神经基质中被编码的几种方式。我自己的建议是，它们可以通过我称之为 treelet 的东西进行编码。尽管我在第 4 章中给出的 treelet 示例可表示关于种类的信息（*cats like tuna fish*，*cats chase mice*，等等），但是同样的机制很容易用于表示关于特定个体的知识的问题。

需要添加的是为每个个体分配唯一编码的方法，以及可指明特定编码是表示个体而不是种类的方法。用于个体的编码可能是完全任意的，或者可能是有意义的信息和任意信息的混合。例如，它们可以由两部分组成：个体所属的某个种类的编码（比如 PERSON 或 CAT）和类似于社会保险号的唯一标识符。（Hinton（1981）和 Miikkulainen（1993）也采用了类似的方案，尽管原因不同。）然而，我并不认为个体的内部编码仅仅是简单的（比如说）人名的语音表示，因为我们发现应对名字的变化相对容易。如果我们的朋友 Samuel 把名字改成了 Mark，我们仍然可以在记忆中检索到对他的了解，不管听到别人叫他 Samuel 还是 Mark。同样，编码也不（仅仅）是一个人的当前属性，因为即使他的许多属性发生了变化，我们仍然可以追踪这个人。相反，编码必须是一旦固定就不能改变的东西，即使个体的属性发生改变。

种类 - 个体的区别本身可以用多种方式进行编码。要想区分二者，真正需要的是语言学家有时称为变音符号的东西——表示差异的标记。形式语义学使用谓词演算表示种类和个体的区别，字体上用小写表示个体，用大写表示种类。在内部，种类 - 个体的区别可以通过不同方式来表示，比如两种不同类型的神经连接之间的区别，或者一比特寄存器的状态（一比特寄存器是初始寄存器集的一部分，用于保存给定的原语）。只要这种区别被恰当地表示——以基于这些表示的处理系统可用的方式，包括上述示例在内表示方式就是足够有效的。

根据 treelet 图，表示一个关于个体的新事实只需添加一个新的主谓关系，而不需要在节点之间绘制新的连接。例如，考虑将 *Socks is hiding in the cabinet* 这一事实添加到我们对 *Socks* 的认识中。在标准语义网络中，我们通过添加一个新节点 cabinet 来表示这个知识，并将该节点连接到 Socks。在 treelet 方法中，我们将创造一种新的编码来表示 *cabinet*，然后将该编码与表示原语 *Socks* 和 *hiding* 的编码一起存储到一个空的 treelet 中（见图 5.8 和图 5.9，这也说明了 the cabinet is in the Lincoln Bedroom 的事实）。

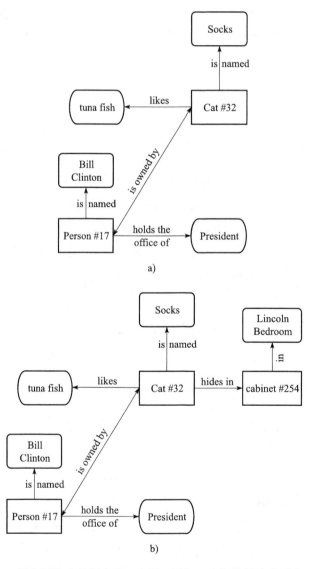

图 5.8   语义网络中的新事实。为图 a 添加一个额外的事实后得到图 b

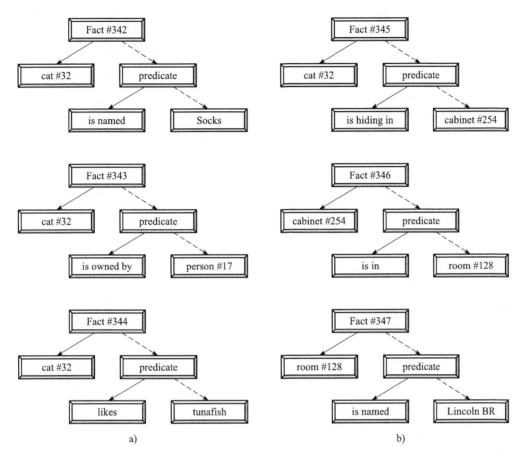

图 5.9 主谓关系数据库中的事实。图 a ：添加事实 *Socks is hiding in the tall cabinet in the Lincoln bedroom* 之前系统了解的知识。图 b ：需要添加的内容。正如 4.4 节所讨论的，每个框都包含其中所示元素的分布式编码

由于 treelet 可以（正如我们已经看到的）表示任意的、递归结构化的信息，因此它们可以在必要时用于表示新字段和复杂信息。结合对这种区别敏感的种类 - 个体变音符号和机制，我们可以在不使用任意新节点和新连接的情况下同时表示种类和个体，灵活地呈现特定个体的特殊性以及种类的真实属性。

符号加工机制从何而来

符号加工机制从何而来这个问题可以从两方面来理解：符号加工机制是如何在儿童身上发展起来的，以及符号加工机制是如何在人类身上发展起来的。这两个问题是交织在一起的，因为无论我们拥有什么学习机制，都一定是在进化中形成的。进化是我们的心理机制在历史进程中形成时所依赖的远端机制，而发育生物学是推进个体在生命过程中的心智发展的近端机制。

一些论点表明，在从外部世界获得经验之前，符号加工机制可能是可用的。我们首先研究这些论点，然后探究为什么这样的机制可以为我们的祖先带来适应性优势。最后，考虑可能导致构建具有符号加工能力的生物体的各种生物机制。

6.1 符号加工是天生的吗

6.1.1 一种提议

有些东西是天生的。虽然"天性"和"教养"有时会被粗暴地对立起来，但两者并没有真正的冲突。我们天生拥有一套与环境互动的机制，一套从世界中提取知识的工具，一套利用知识的工具。如果没有这些天生的学习工具，就根本不会有学习。

在这一章中，我考虑的建议是，在儿童接触外部世界并获得经验之前，符号加工机制就已经包含在一套对于他们来说天生可用的事物中。根据这个观点，有一种天生的可以对变量进行操作的表示形式，一种天生的可以对变量进行计算的操作集合，一种天生的可以结合操作的装置，一种天生的可以适应结构化组合的表示形式，一种天生的可以区分个体表示与种类表示的表示形式。

正如表示寄存器和计算对寄存器操作的能力是构成现代计算机基础的微处理器所固有的设计一样，我的建议是，加工符号的能力是人类固有设计的一部分。

6.1.2　可学习性论点

相信某些事物是天生的，一个原因是，可能没有其他令人满意的解释来说明一种已知的知识是如何产生的。这种可学习性论点可能最常在语言习得的背景下提出。例如，Gordon（1985b）的实验让儿童产生如同 *mice-eater* 和 *rats-eater* 的复合词，Gordon 发现儿童会产生含有不规则复数的复合词（如 *mice-eater*），但基本上不会产生含有规则复数的复合词（如 *rats-eater*）。儿童的行为方式与英语中的语言学区别是一致的，这种区别也可能是跨语言的。但是复合词里面的复数非常罕见，年龄很小的儿童不太可能听到过，因此在某种意义上，他们的推断可能超出了自己的认知。事实上，由于所有的儿童都以一致的方式超越了自己的认知，Gordon 认为一定有某种内在机制限制了他们的学习。在语言习得领域，Wexler 和 Culicover（1980）、Pinker（1979，1984）以及 Crain（1991）等人提出了更为普遍的可学习性论点。

然而，这些论点并不局限于语言习得领域。例如，在对婴儿的物体概念的讨论中，Spelke（1994，pp.438-439）提出，表示物体的能力可能是天生的：

如果儿童被赋予感知物体、人、集合和位置的能力，那么他们可能会利用感知经验来学习这些实体的属性和行为。通过观察失去支撑并坠落的物体，儿童可能学到失去支撑的物体会坠落……然而，如果儿童不能从所处的环境中分辨出这些实体，那么他们如何能对某个领域中的实体有所了解？我们离弄清这一问题还有很远的路要走。

……（相反）如果儿童不能把"失去支撑的物体"和"坠落的物体"表示为"同一物体"（与支撑物本身不同的物体），他们可能只能学到在某物失去支撑的事件发生之后，紧接着发生的是某物坠落（物体）以及某物保持静止（支撑物）的事件。

同样的论点也可以用于符号加工。我对多层感知器的讨论可以作为一个可学习性论点，表明某些类型的系统并不足以捕获认知的各个方面。举例来说，为了呼应 Spelke 的论点，我已经证明了多层感知器缺乏用不同记录表示不同个体的机制，因此无法学习这样的区别。我的建议是，这类似于色觉，在色觉中，能够建立具有正确区分功能的系统，但这不是通过学习而是通过进化形成的。我的论点不仅仅是依靠直觉，也不是指出未知的可替代方法。它们说明了为什么那些众所周知且被认真对待的替代方案是不够的。

6.1.3　婴儿的实验证据

在其他条件相同的情况下，我们希望如果符号加工的模块是与生俱来的，那么它应该较早得到利用，早在任何形式的正规教育之前。当然，某些能力在很早的时候就可以获得这一事实并不能保证它是天生的。学习可以在子宫内进行（如 Lecanuet，Granier-Deferre，Jacquest，Capponi & Ledru，1993）或在出生后不久进行。婴儿在出生几天内就能识别母亲的语言（Mehler et al.，1988），但我们肯定不认为婴儿天生就知道母亲的语言是什么。（相反，身体发育的某些方面（如第二性征）可能不是后天习得的，但这一点相对较晚才表现出来。）

因此，建立早熟能力的实验最好被看作对学习机制设置限制，而不是直接测试天生的能力。例如，虽然婴儿在获得相关经验之前不可能理解母亲的语言，但 Mehler 等人的实验给学习机制划定了界限。学习机制必须相对较快，并依赖于子宫中的听觉信息或出生时可获得的听觉迹象。依赖大量经验的理论显然是不可信的。通过这种方式，对婴儿进行的实验可以确定一个"以后"的界限，即何时具备某一特定能力。考虑到这些"以后"的界限，我们可以在一定程度上限制对婴儿时期可用的学习机制的描述[1]。

几项关于婴儿的实验为婴儿何时表现为符号加工者提供了界限。例如，第5章中回顾的实验证据表明，四个月大的婴儿能够对被遮挡的物体进行推理，反过来，这种能力似乎取决于追踪个体符号的能力（Spelke，1990；Spelke & Kestenbaum，1986）。同样，第3章中提到的我的实验室的工作，表明七个月大的婴儿可以学习简单的代数规则，并将它们自由泛化到新的项目上。这些实验当然不能保证加工符号的能力是天生的，但它们与这种观点一致，而且确实对任何依赖大量经验的学习理论都提出了挑战。

6.2 符号加工是否具有自适应性

如果婴儿在获取相关经验之前确实被赋予了符号加工的机制，我们可能会怀疑这种机制是不是由自然选择塑造的。当涉及心脏、肾脏和眼睛等复杂的器官时，关于复杂性是如何产生的，大多数学者认为唯一已知的解释是通过自然选择（Darwin，1859）——由适应性优势塑造的渐进的、遗传变化的漫长历史。人类大脑是否也受到自然选择的重要影响，这一点更具争议（例如，Gould，1997），但我倾向于同意那些认同它的观点（Cosmides & Tooby，1992；Dennett Pinker，1997；Pinker & Bloom，1990）。

基于化石记录，我们不可能明确地解决自然选择在何种程度上塑造了大脑的问题。但是，我们也许最终能够利用遗传学的证据来重建符号加工不同方面的遗传进化历史，这样的历史可以帮助我们理解自然选择在塑造大脑过程中的作用。例如，人们曾认为眼睛单独进化了 40 多次，但新的证据表明，与眼睛形成有关的一组重要基因存在大量的跨物种重叠（Gehring，1998；Halder，Callaerts & Gehring，1995）。如果我们有可靠的方法来确定其他动物是否使用了符号加工，也许最终能够用基因层面的证据来研究符号加工的遗传进化发展历史。

就目前而言，也许我们所能做的就是着眼于动物世界，以加深对符号加工的适应性优势的理解。当然，符号、规则、结构化表示和个体的表示（在某种程度上）是可分离的实体。这些机制可能具备不同的优势，而且可能不总是作为一个整体出现。因此在下面的章节中，我将从符号开始，分别讨论符号加工的各个方面。

6.2.1 符号

如 2.5 节所述，对于什么才是符号几乎没有共识。相应地，我们也不能期望就符号的发展达成共识。在这一简短的小节中，我仅关注等价类表示的演化史问题。在某种程度上，这种表示被视为符号，这一节间接地涉及符号演化史这个更为棘手的问题。

关于什么是符号，最能被接受的观点是符号编码由传感器操作产生的结果。例如，当青蛙伸出舌头，以相同的方式对以一定速度移动的所有物体做出反应时（Lettvin，Maturana，McCulloch & Pitts，1959），似乎可以合理地推断，青蛙代表一个等价类。这种等价类可能在青蛙觅食方面很有用，并且在关于符号加工最能被接受（尽管不能被所有人接受）的定义下，这种表示被视为符号。

类似地，以相同方式对所有水平线进行分类的单元的输出（无论其亮度或颜色如何）是一种均等对待类的所有实例的编码。在确定许多事物的时候，系统都可以将这些类编码成元素（例如，某物体是否提供可坐或跳的稳定表面）。根据最能被接受的定义，所得编码结果算作符号。毫无疑问，这些等价类的编码在整个动物界都很普遍。创建这种编码的机制通常相对容易构建（Richards，1988），但是通过提供可用于行为选择的前提条件，它们可以极大地提高生物体所做的事情的价值。这样的编码基本上算作符号的实例，在这种意义下，符号的存在相对普遍。

尽管如此，几乎很少有人愿意将简单传感器的输出作为简单符号的示例。相反，更多的人倾向于将符号性归因于等价类的表示，在等价类中，成员不是通过感知特征而是通过它们与某些其他实体集的关系来统一的。有些类别纯粹是出于惯例而形成的。例如，字母和数字之间的差异是一种惯例，没有原始的感知特征（例如弯曲度或大小）可以区分数字和字母。甚至这些任意定义的更复杂的等价类可能不是人类独有的。例如，Schusterman 和 Kastak（1998）在任意定义的等价类元素上训练海狮 Rio，这些元素显然不包含感知相似的个体。其中一组包含眼睛、铲子和昆虫的图片，另一组包含海豚、管子和耳朵的图片。尽管 Rio 最初花了很长时间来学习这些任意分组，但一旦掌握了这些分组，它就可以立即将自己在一项新任务（例如，眼睛）中学到的知识泛化到该类别的其他成员（即铲子和昆虫）。有证据表明，鸽子（Wasserman & DeVolder，1993）具有类似的推理能力。

等价类的另一种类型不是通过感知相似性来定义的，也不是通过任意穷举列表来定义的，而是根据非感知的更抽象的标准来定义的。例如，可以根

据生物体的目标（例如，THINGS THAT YOU WOULD TAKE WITH YOU IF
YOUR HOUSE WERE BURNING DOWN）（Barsalou，1983）或对物理世界的了
解（REDATORS、TOOLS、SILVERWARE、VEHICLES 或 THINGS THAT ARE
LIKELY TO BE PAINFUL WHEN TOUCHED）来定义此类别。这些类别也不是人
类独有的。例如，Seyfarth 和 Cheney（1993）指出，黑长尾猴将自己所发出的空
中掠食者警报与栗头丽椋鸟发出的警报集合在一起，这两种警报在听觉上各不相
同，但是在功能上是等效的。而 Savage-Rumbaugh、Rumbaugh、Smith 和 Lawson
（1980）指出，两只黑猩猩可以将食物和工具之间的区别泛化到可能在感知上不相
同的新元素上。Hauser（1997）的工作表明，棉顶绢毛猴也可以表示一类在感知
上相异的工具。这些类别的优点似乎显而易见。

表示等价类的能力几乎可以确定不是人类独有的，但是人类在获取新类的表
示的能力上可能要灵活得多。尽管我不知道对其他动物可以表示的类别的一般限
制，但 Herrnstein、Vaughan、Mumford 和 Kosslyn（1989）进行的一组有趣的研
究似乎表明，鸽子可以学习任意定义的类别（例如，它们可以学习将 40 张任意图
片归为一类，将另外 40 张图片归为另一类），但是无法学习必须根据关系进行定
义的新类（例如 CIRCLE-INSIDE-A-CLOSED-FOGURE）。一种有趣的可能性（我
只是提到但不为其辩护）是，在相关联的类中计算成员关系的能力可能取决于学
习新规则的能力，这种能力可能是鸽子所缺乏的。

6.2.2 规则

据推测，学习新规则的能力取决于对表示和泛化规则的机制的预先选择。这
样，学习规则的能力就不如表示和泛化规则的能力那么普遍。按照这种假设，表
示规则的能力似乎相当普遍，而学习新规则的能力可能受到更大的限制，也许仅
限于灵长类和其他一些物种。Marc Hauser、Travis Williams 和我正在测试棉顶绢
毛猴（哥伦比亚热带雨林中的小型树栖新世界灵长类动物，采用小型群居的生活
方式）是否可以使用与 Marcus 等人（1999）实验中的婴儿相同的刺激去提取规
则。其他实验表明，一些非人类的灵长类动物，也许还有其他一些物种，可以将
样本匹配任务泛化到新项目上。样本匹配任务要求被试看一些项目，然后在稍后
显示的项目中，在第一个刺激的复制品和其他一些刺激之间进行选择。如此自由

的行为似乎需要一个规则。一些研究者对此进行了实验，例如 Pepperberg（1987）与鹦鹉 Alex，Kastak 和 Schusterman（1994）与海狮，以及 Herman、Pack 和 Morrel-Samuels（1993），他们的工作使得这个结论变得不那么确定。尽管如此，Tomasello 和 Call（1997）还是认为，只有灵长类动物才能完成泛化的样本匹配任务。

不管学习规则的能力是否仅限于少数物种，表示规则的能力可能更为普遍。例如，我们有充分的理由相信蜜蜂和沙漠蚂蚁具有用于计算太阳位置的基于规则的先天性方位角方法（Dickinson & Dyer，1996；Gallistel，1990），并且将这一方法用于导航。方位角方法通过将太阳作为参考点来使动物保持行进路线，从而补偿白天太阳运动的视在速度的变化。（太阳似乎在早晨和日落时缓慢移动，而在中午时移动更快。）

由于太阳方位角方法会随季节和纬度的变化而变化，因此假设动物拥有一个内置的查询表来告诉它们在一天中的特定时间太阳出现的位置是不合理的。相反，它们必须根据当前纬度和当前季节对方位角的知识进行调整。解决太阳位置变化问题的最显而易见的方法，就是简单地记住在当地环境一天中给定时间下太阳的位置。但是，从 Lindauer（1959）开始的一系列巧妙的实验表明，仅在有限的时间（例如，仅在下午）内暴露于阳光下的动物也能准确估计太阳在白天其他时间的位置，甚至是在夜里的位置。

有趣的是，Dickinson 和 Dyer（1996）用这些数据测试了每个变量多节点的多层感知器模型。他们发现，如果模型在一天中的某些时间进行了训练，多层感知器可以准确估计太阳的位置。但是对于一天中没有训练到的时间，模型无法准确估计太阳的位置。换句话说，与 3.2 节的论点一致，该模型在其训练空间内进行了泛化，而在训练空间之外没有泛化。Dickinson 和 Dyer（1996，p.201）得出的结论是："许多本应有能力完成复杂模式识别任务的通用目的感知器架构，无法像昆虫和其他动物那样对夜间的日照过程做出估计。"

相反，Dickinson 和 Dyer 表明，蜜蜂和沙漠蚂蚁的行为可以通过一个简单的模型来解释，在该模型中，动物将距离上次观察太阳位置所经过的时间与方位角变化率的估计值相乘，再将该乘积与最近已知的位置相加，以此来估计太阳的正确位置。该变化率由一个函数计算，该函数计算椭圆上的点的位置（以极坐标表示），其参数是从已知方位角得出的。如果蜜蜂和蚂蚁确实使用此方法，那么这将成为对数字变量进行操作的规则的一个示例。

Dickinson 和 Dyer（1996，p.202）明确指出了这种机制的潜在优势：

仅对太阳轨迹的一小部分进行采样的蜜蜂可以在一天中的其他时间估计太阳的相对位置，而误差相对较小——与随机估计方位角相比，误差肯定要小得多。这可能减少了在它们开始寻找食物之前，从其短暂的生命中抽出宝贵时间来不停采样太阳轨迹的需要。

我的预感是，操作数字变量的能力比表示非数字变量的能力普遍得多。导致后者发展的原因尚不十分清楚。一种可能性是，适用于未进行数字编码的实体的规则可能是在社会交换的背景下制定的（请参见下文），在这种情况下，拥有可以自由泛化到任意同种个体的机制（Cosmides & Tooby，1992）是很有价值的。

将规则泛化到其他非数字刺激的能力本来可以在鸣禽中独立发展。某些鸟类（例如模仿鸟和鹦鹉）可能会通过模仿其他鸟类的叫声来获利，这可能是由于其在防止竞争者占领领地（Doughty，1988）或吸引配偶（例如，Kroodsma，1976）方面具有适应性优势。如果事实证明，对于需要自由泛化到非数字刺激的任务，如果能够完成这一任务的鸟类刚好是那些通过模仿其他鸟类的叫声来生存的鸟，那确实是很有趣的结果。当然，这可以证明，鸣禽能够自由泛化非数字的与叫声相关的刺激，但不能自由泛化其他领域的刺激。相比之下，人类可以在各种领域中进行自由泛化。正如 Rozin（1976）、Mithen（1996）以及其他人所提议的那样，使人类变得与众不同的，可能是一种调整特定领域的机制以适应更多领域的目的的能力。

6.2.3 结构化表示

规则和符号几乎肯定不是人类所独有的，但与之不同的是，创造有层次的结构化表示的能力似乎可能是人类独有的。至少在交流方面，灵长类中复杂的层次结构的使用可能是人类独有的。尽管有证据表明一只名为 Kanzi 的矮小黑猩猩可以理解一些基本的单词顺序差异（Savage-Rumbaugh et al.，1993）（而且各种动物都可以理解一些关于时间顺序的信息），但没有证据表明即使是最了解类似语言交流方式的黑猩猩 Kanzi，也能够理解并表示层次结构²。

如果表示复杂的层次结构的能力对人类来说是特殊的（至少在灵长类中是这样），则它可能是通过语言产生的，后来才用于内部表示的目的。支持这一点的一种可能的推测性理由是：在语言出现之前，假如我们有独立的机制来追踪特定的个体，那么在内部表示复杂结构可能不会给人类带来任何特殊的优势。例如，在需要语言交流之前，如果我们想挑选一株特定的灌木丛，简单地挑选出来就足够了（对于内部心理活动而言），例如选择灌木丛 37，其中 37 是某种独特的内部标识符，就像社会保险号或序列号一样。但是，在与另一个生物体交流关于树木的一些并非肉眼可见的信息（因此不是一棵可以指明的树）时，这种内部标识符系统将是麻烦且效率低下的，并且只有当听者和说者共享特定实体的同一组内部标识符时，交流才是有效的。

在这一点上，采用组合元素方式的说者，可能不需要使用词序就能挑选出一棵特定的树，方法是说出一系列句子：大树、在河边可能表示在河边的那棵大树。即使说者没有特别使用词序，听者采用合适的方式来表示一种非结构化的元素组合也可能具有优势，而可以持续地将单词序列转换为内部表示形式的生物体可能具有更多优势。

一旦听者可以在内部表示元素的无序组合，即使是依概率地使用词序的说者也可能会具有优势。例如，讲原始语言的人（Bickerton，1990）也许可以区分 *Johnny give*（*Please*，*Johnny*，*give me that juicy bit of mammoth*）和 *give Johnny*（*Please*，*give Johnny that juicy bit of mammoth*）³。

在一般认知技能的基础上，即使听者只能略微理解或者不是很有效地理解单词顺序的重要性，也可能会具有优势。逐步改善的反馈循环可能会导致在语言产生中使用更复杂的结构化表示机制，以及更复杂的结构化理解机制；而在任何情况下，如果生物体具备能够更有效地操作那些机制的方式，那么这些生物体都将比同类更具优势。一旦你具备了在言语中挑选复杂引用的方法，你就可以把这个系统用于普通（非语言）认知。

也许这个幻想的叙述是完全错误的。即使在交流中使用层次结构化组合的能力受到相当大的限制（例如，人类和鸣禽），在心理活动的其他方面使用层次结构的能力也可能相当普遍。特别是，在规划或动作控制系统中，表示层次结构化组合的能力可能非常普遍。尽管某些简单的生物可能永远不会预先计划下一步行动（如果处于状态 A，请执行操作 B），但似乎更复杂的生物体可能会计划复杂的操作集。这样，它们很可能依赖于层次结构化表示的构建（Lashley，1951；Rosenbaum，Kenny & Derr，1983）。根据这种观点，使人类与众不同的部分原因是进化的变化，在这种变化中，已经存在的用于表示层次化计划的机制已经适应了交流活动（例如，Lieberman，1984）。

就目前而言，在表示层次结构的能力的历史上，下面两种截然不同的描述似乎没有什么可供选择的：一种是通过语言和语言使用者的共同进化而衍生的，另一种是从行为控制中共同选择的。而且，还不清楚这两种可能性是否相互排斥。尽管如此，我还是希望这些问题最终能够得到解答。当我们能更好地理解人类语言的层级化结构表示的神经基质时，我们也许能够更好地理解在动物动作计划的构建中是否使用了相同的机制，我们甚至可以查看基因中是否存在任何重叠，这可能有助于这些系统的构建。

6.2.4 个体

有几种可以使追踪个体的能力成为适应性优势的方式。例如，追踪个体的能力对于追踪猎物的捕食者很有用。Daniel Dennett（引自 Pinker（1997））提到，鬣狗在追逐角马的过程中显然是通过追踪特定的个体而获利的（Kruuk，1972）。追逐一只特定种类的角马，而不是在某个特定时刻追逐任何一只老角马的好处是，追踪单个个体的鬣狗更有可能耗尽其目标的体能，筋疲力尽的目标比休息的目标更容易捕获。任何能在一群潜在猎物中追踪到特定个体的捕食者都更有可能抓住猎物 [4]。（另一方面，追踪个体的能力对可怜的角马来说可能毫无价值，不管它以前是否见过鬣狗，它们都应该躲避鬣狗。正如 Tecumseh Fitch 指出的那样（私人通信，1999 年 6 月 29 日），我们可能因此会发现捕食者和被捕食者在追踪能力上的不对称性。）

追踪某一种单独实例的能力也有助于追踪食物来源。例如，Gallistel（1990）

指出，一种会藏种子的动物，即使在掩埋种子的过程中留下的痕迹被掩盖，气味被掩盖，它也能追踪到种子，这显然比一种不知道在哪里寻找种子的动物要好。保持不同种子贮藏处的不同心理表征的能力因此形成了一个重要的优势。Clark 的星鸦就是一种能做到这一点的鸟类，它在一个季节内可以制造多达 33 000 个种子贮藏处。Gallistel（1990，pp.155-157）中回顾的证据表明，这些鸟类能够追踪其中许多贮藏处的位置，或许还能够追踪每个贮藏处的当前状态（即给定的贮藏处是否仍包含种子）。尽管星鸦可以简单地将种子的位置与种子的属性联系起来——这并非不可想象，但是考虑到所涉及的种子的数量之多，似乎不难想象会涉及某种用于表示特定个体的系统。

当然，Clark 的星鸦的能力只是客体永久性的写照。仅仅记住某个特定的物体已经被隐藏是客体永久性的体现，并且对隐藏食物的任何物种都非常有帮助。有证据（采用婴儿研究中的必要方法）表明，两种非人类灵长类动物——恒河猴和棉顶绢毛猴可以追踪不同的个体（Hauser & Carey，1998；Hauser，MacNeilage & Ware，1996；Uller，1997）。实验数据表明，五周大的猪尾猕猴可以做到这一点（Williams，Carey & Kiorpes，在准备中），还有一项研究表明小鸡天生具有这种能力。Regolin、Vallortigara 和 Zanforlin（1995）发现，刚出生几小时的小鸡的行为就好像它们被赋予了客体永久性一样，它们会朝着最近被遮挡的物体移动。（这可能表明，经验很少或没有经验的小鸡可以使用追踪个体的能力，但是如果它们只记得实现目标的行为计划而不是目标对象本身的永久性，仍然可以成功完成任务。）

另一种追踪特定个体的属性可形成适应性优势的情况是识别特定的家庭成员，这种适应性机制既可作为决定向谁分配资源的机制，也可作为避免近亲繁殖的机制（Sherman，Reeve & Pfennig，1997）。Sherman 等人回顾了一些研究，这些研究表明，至少识别某些特定个体的能力在整个动物界相当普遍。他们讨论的例子包括一些鸟类和一些哺乳动物的亲子识别机制以及社会性昆虫的巢穴配偶识别。（当然，通过一种特定的气味来识别家庭成员（比如，这种气味是成员的共同特征），而不是记录特定个体的时空历史，只需要一种追踪种类的方法，而不是一种追踪个体的方法。）

识别其他个体的能力也可以在社会交换中发挥优势。例如，任何利用个体身份来追踪信息以了解谁做了有利于谁的事情或谁值得信任的生物体，都会从中获利（Cosmides & Tooby，1992）。很明显，人类可以做到这一点，至少在小社群中如此（在大型现代社群中，人们可能不得不依靠其他政治或经济因素）。然而，我们有理由相信，追踪交易平衡的能力并不局限于人类。Wilkinson（1984）的研究表明，吸血蝙蝠（靠吸血为生）更有可能把多余的血液送给那些曾经把血液分享给自己的吸血蝙蝠，而不是那些没有这样做过的吸血蝙蝠。同样，de Waal（1997）的研究表明，在没有亲缘关系的黑猩猩中，与没有为自己梳理过毛发的黑猩猩相比，黑猩猩更有可能与曾为其梳理过毛发的黑猩猩分享食物。在黑猩猩（如 de Waal，1982）和猴子（如 Cheney & seyfarth，1990）的优势等级体系中，明显存在识别和追踪其他个体的能力所带来的影响。

追踪个体的系统也应该能够根据各种各样的线索来识别一个特定的个体，从而能够有效地区分（比如）亲属和非亲属。虽然有些亲缘识别机制可能取决于单一线索（如气味），但 Hanggi 和 Schusterman（1990）表明海狮可以区分亲属和非亲属，并推测海狮可以基于多种线索来做到这一点，包括气味、声音，也许还有其他线索。至关重要的考验是它们能否利用时空信息[5]。

6.2.5 总结

我无法证明加工符号的能力是由自然选择形成的，但我概述了一些理由，证明加工符号的机制在某种程度上已遍及动物世界。很明显，这种能力可以给它们的持有者带来重要的优势。

6.3 符号加工如何发展

由于符号加工机制似乎很早就可以使用，而且由于这种机制可能为心理活动的各个方面提供了唯一适当的基础，因此如何在给定个体的生命周期内构建这种机制是一个值得思考的问题。

6.3.1 将DNA作为蓝图

关于符号加工机制是如何构建的，最明确的观点是，遗传密码指定了一份蓝图，告诉每个脑细胞它应该是什么样的神经元，以及它应该如何连接到其他神经元。在某种程度上，这种将 DNA 作为蓝图的想法似乎适用于蛔虫（也称为线虫）的非常简单的大脑。每种正常线虫都有 959 个体细胞（即构成身体的细胞，但不属于产生精子或卵子的生殖系细胞），它们在每种动物中以相同的方式连接。发育是逐渐展开的，每个细胞的分裂和分化都有明显的预先规定。

但是人的大脑不能以相同的方式组织起来。一方面，人类基因组中没有足够的信息来确切指定每个神经元和突触的去向（Edelman，1988）。大约 10^5 个基因包含大约 10^9 个核苷酸，而神经元大约有 10^{10} 个，突触大约有 10^{15} 个。

此外，至少在物理实现上，人类的大脑在整体组织上彼此似乎非常相似，但在具体细节上又有一些不同。大脑在许多方面存在不同，例如细胞数量和神经递质的浓度（Goldman-Rakic，Bourgeois & Rakic，1997）。大脑也可能在与各种任务相关联的区域的位置上存在不同，并且可能在某种程度上在细胞与细胞的互连上存在不同。

此外，Elman 等人（1996）和 Johnson（1997）综述了四种证据，清楚地表明大脑的发育非常灵活：

- 一组实验表明，大脑皮层某一特定区域的大小是由丘脑对该区域的输入量调节的（Kennedy & Dehay，1993）。显然，如果大脑区域的确切结构化组织是先天确定的，那么它的大小并不取决于接收到的输入的数量。
- Sur、Pallas 和 Roe（1990）的重新连接实验表明，当视丘脑输入信号从其通常的视皮层目的地重新连接到听觉皮层的一个新目的地时，听觉皮层开始显示出视皮层的一些特性。
- O'Leary 和 Stanfield（1989）进行的一系列移植实验表明，将视皮层神经元移植到体感区域时，它们（至少在某些方面）会像体感神经元而非视觉神经元那样发育，投射到脊髓而非视觉皮层。同样，移植到视觉皮层的体感细胞会形成视觉神经元的典型投射。
- 尽管成年期脑损伤的恢复可能很小（尽管不是零），但儿童期脑损伤的恢复十分显著，脑的未受损区域接管了脑受损区域的一些功能（例如 Vargha-Khadem et al.，1997）。

这四种证据中的每一种，以及关于正常变异范围的证据，加上关于基因组大小和大脑复杂程度的事实，都明显违背了 DNA 可以为人脑指定一个逐点连接图的观点。对线虫有效的机制对我们不起作用[6]。我们如何解决 DNA 不能提供蓝图的证据与表明符号加工机制是天生的证据之间的明显矛盾？

6.3.2　是否应该放弃天生的结构化皮质微电路

有一种可能性是，在获得相关经验之前，符号加工机制并没有被组织起来，这种可能性与可学习性论点相悖，也无法解释实验证据，但仍然值得认真对待。Elman 等人（1996）（另见 Johnson，1997）在"重新思考先天性"中遵循了类似于这条推理的方法。因为他们似乎并不赞同大脑加工符号的概念，所以他们没有直接考虑符号加工机制是天生的可能性。但他们用大脑发育的灵活性作为证据来反驳所谓的表征先天论，即本质上天生的知识[7]。

据推测，如果表征先天论是错误的，那么符号加工就不可能是天生的。所以，即使 Elman 等人没有直接谈论符号加工的先天性问题，但很明显他们的论点是相关的："表征约束（最强烈的先天性形式）在理论上肯定是合理的，但过去 20 年对脊椎动物大脑发育的研究迫使我们得出结论，在大脑皮层水平上先天制定突触连接是极不可能的。"[8]

相反，他们把大脑的连接细节归因于学习与"架构约束和时间约束"之间的相互作用（p.361）。它们用隐藏层数量、单元数量、激活函数、学习率等方面的差异来体现架构差异，而时间差异则用单元划分时间、数据呈现给学习者的顺序等方面的差异来体现。

尽管承认架构约束和时间约束的作用，但他们似乎认为这样的约束相当小。正如我读到的，他们认为，最重要的是学习。虽然他们的立场并不完全明确，但我认为他们强调学习的重要性，是因为他们在自己的叙述和别人的叙述之间形成了鲜明的对比，也因为他们认为自己所相信的东西是预先指定的。特别是，Elman 等人（1996，pp.367-371）非常清楚地表明，他们认为自己的观点与 Spelke、Pinker、Chomsky、Crain 等人的先天论不一致。此外，在关于什么是真正预先指定的简短叙述中，他们认为"就表征指定这一倾向而言，他们只能在皮层下的水平上指定为比注意力捕捉多一点",(补充强调)这确保生物体"在随后的学习之前接收到某些输入的大量经验"(Elman et al.，1996，p.108)。

为了证明这一观点，Elman 等人（1996）对我在本书中研究过的一系列多层感知器模型进行了描述。他们认为这些模型有能力处理他们所谓的新表征，并将其作为详细的皮质微电路的基础。

在其他地方，我指明这些模型没有达到预期的效果，因为它们无法解释新表征来自何处（Marcus，1998）。这些模型并没有获得新表征，它们只是组合了先前存在的表征，这些表征最初是通过选择输入编码方案来指定的。因此，这些输入节点有效地充当了天生的表征。此外，一个模型所具有的天生的表征集可以在模型能够和不能够进行泛化方面产生巨大的差异。例如，Kolen 和 Goel（1991）表明，具有内嵌表征（如一行中两个对手的棋子）的井字游戏模型可以学会玩好井字游戏，而缺乏这种内嵌表征的类似模型则不能。Kolen 和 Goel（1991，p.364）得出结论："通过反向传播方法学习的内容强烈依赖于网络中出现的初始抽象。"只要系统中有这样一组预先分配的表征，它就不能被认为是没有先天表征的。要想跳出先天表征，依赖于提供一种从没有预先构建的表征开始的机制，但是 Elman 等人（1996）并没有提供有关如何做到这一点的方法。

与目前的讨论更相关的是，Elman 等人（1996）所提出的模型未能对大脑发育提供足够的解释。首先，正如我们在本书中所看到的，多层感知器并不能为捕获人类的认知提供充分的基础。那些为变量分配多节点并在局部进行学习的方法不能捕获我们如何自由泛化到新项目（第 3 章）。多层感知器不能充分描述我们如何表示结构化的知识（第 4 章），也不能充分描述我们如何表示和追踪个体随时间的变化（第 5 章）。

此外，对于"将 DNA 作为蓝图"的论点所遇到的难题，这些模型也束手无策。相反，具有讽刺意味的是，这些模型也依赖于大量令人难以置信的精确的预先指定。尽管没有预先指定连接的权重，但是预先指定了节点的确切数量以及节点之间连接方式的拓扑结构。关于发育中的灵活性的证据强烈地反对将 DNA 作为蓝图的多层感知器观点，就如同其强烈反对预先指定连接权重的（荒谬）观点。两者都不合理。遗传密码并不能告诉人脑的每个细胞要去哪里，也不能告诉它们拥有什么样的连接权重。

当然，即使模型是不充分的，认为天生预先指定的作用相当小的理论立场也可能是正确的，所以有必要暂时放下模型。考虑到这一观点是由对灵活性的观察所激发的，两个问题立即出现了。首先，灵活性的证据有多充分？其次，关于灵活性的证据是否真的意味着，符号加工背后的微电路的详细组织是需要学习的？

灵活性的限制。事实证明，Elman 等人（1996）所描述的每种证据都在某些重要的方面受到限制。尽管大脑的发育非常灵活，但是在规模依赖性、重新连接、移植以及从脑损伤中恢复方面存在局限性。例如，即使在他们引用的实验中，减少丘脑到初级视觉皮层的投射也不能消除初级视觉皮层，而只会缩小其范围（缩小约 50%）。正如 Purves（1994，p.91，原文中强调的）所说："重要的是要记住，激活只能调节增长，而不能严格确定增长。至多，通过移除正常输入而完全沉默的神经元将继续增长，但水平会降低。"同样，Sur 及其同事所进行的重新连接实验表明，我们可以从视觉皮层重新连接到听觉皮层，但不能将大脑的任意部分重新连接到大脑的任意其他部分，并且在发育中的任何时候都不可以这样做。实际上，可以重新连接的内容受到严格限制（Sur，私人通信，1999 年5 月）。

同样，正如 Elman 等人（1996，p.277）所指出的，O'Leary 和他的同事所进行的移植实验只在"已经从其起源部位接受了一些丘脑输入"的组织上进行。正如 Elman 等人（1996，p.277）所说，这表明移植并非"未加工"：在移植之前，他们已经获得了一些与细胞命运相关的信息。此外，并不是所有的移植实验都显示出这样的灵活性。例如，Balaban 及其同事（Balaban，1997；Balaban Teillet & LeDouarin，1988）表明，如果将鹌鹑大脑的某些部位植入鸡的胚胎中，小鸡长大后会像鹌鹑一样啼叫，即使是在小鸡的环境中饲养——如果移植完全灵活的话，这一结果将是完全出乎意料的。

最后，虽然在某些情况下从脑损伤中恢复在某种程度上是可能的，但很难做到完全恢复。例如，Vargha-Khadem 等人（1997）报告了一个婴儿在出生时双侧海马体损伤的案例研究。Vargha-Khadem 等人强调儿童的语义记忆在一定程度上没有受到损害，但儿童的空间能力、时间能力和情景记忆能力都受到了严重损害。

诸如脑瘫之类的疾病也可以导致具有明显且持久影响的病变，尤其是当它们与早期癫痫一起发作时（Vargha-Khadem, Isaacs & Muter, 1994）。

说大脑皮层具有等位性的人显然夸大了事实。然而，任何充分的发育理论都必须解释为什么大脑的发育如此灵活。基因编码并没有提供一份蓝图，但是大脑的发育也并不是完全灵活的。一个比较公正的结论（或许平淡无奇且令人不满）是，灵活性存在很大的局限性。

关于灵活性的事实需要学习吗？ 真正的问题是，有关移植、损伤恢复等的事实是否一定要把学习（对环境中提供的信息的反应）作为组织大脑的基本结构和组织的驱动力。事实证明，受限的灵活性对于大脑的形成并不是什么特别的事情。相反，它是整个哺乳动物发育过程中的特征，甚至在学习没有起到明显作用的发育过程中也是如此。正如 Cruz（1997，p.484）在最近一次关于哺乳动物发育的讨论中总结的那样："在胚胎发育的较长一段时间内，细胞位置可能充其量是预测细胞最终命运的初步指标。"

也许这并不奇怪，因为受约束的灵活性很可能是一种适应性优势。例如，Cruz（1997，p.484）认为：

在一个快速生长的胚胎中，细胞处于增殖、迁移和分化的动态混乱状态，任何一个细胞都应该尽可能长时间地保持一定程度的发育灵活性。这将使胚胎因细胞周期延迟而暂时丧失功能，或因损失一些细胞而暂时受损，从而弥补这些微小的破坏，并相当快地恢复正常的发育速度。很容易看出，几乎在哺乳动物胚胎形成的每一个阶段，这种内在的灵活性是如何推进各种各样的细节过程的。

事实上，对于大脑的发育来说，灵活性的所有特征都不是独有的。例如，从损伤中恢复是很常见的，当人类从割伤或擦伤中恢复时，其恢复方式是有限的，而蝾螈在恢复失去的肢体时，采用的是一种更夸张的方式（Gilbert, 1997）。当然，环境信号在这些情况下确实起到了一定的作用，但它们只是作为一种触发器，告诉生物体应该让肢体的哪一部分再生，而不是作为一种使生物体按照某种学习方式来塑造肢体的信息。

同样，移植实验在发育生物学方面也有很长的历史（如 Spemann，1938），但通常是在学习不起作用的领域。例如，如果在发育早期从青蛙胚胎的正常发育区域提取细胞并移植到肠道，它们就会发育成肠道细胞，而不是眼睛细胞。正如 Wolpert（1992，p.42）所指出的，这种情况相当典型："一般来说，如果将脊椎动物胚胎的细胞从早期胚胎的一个部分移到另一个部分，它们是根据新的位置发育的，而不是根据被取走的地方。它们的命运取决于它们在胚胎中的新位置，即它们对新地址做出反应。"

即使没有任何基于外部事件的学习，也可能会出现规模依赖性。在猴子初级视觉皮层的发育过程中，我们看到了一些与规模相关的东西。在胚胎发育到大约 70 天的关键时期，视网膜的产前切除会导致外侧膝状体核（LGN）中某些类型细胞的数量大幅减少（Kennedy & Dehay，1993）。外侧膝状体从视网膜获取信息，并将其传递至初级视觉皮层。显然，这种减少反映了一种激活依赖性。如果 LGN 没有从视网膜接收某些信号，则 LGN 中的细胞会分裂得不那么快或不那么频繁。这再次说明了内部提供的信息是如何影响大脑结构的：子宫的结构化过程不依赖于外部环境提供的信息。Elman 等人（1996）报告的规模依赖性实验可能会遵循这种机制，即使丘脑没有传输从环境中获取的信息。（甚至牵涉丘脑的产后事件也不能保证需要环境信息；同一种机制可能在出生后发生，如 Crair、Gillespie 和 Stryker（1998）的研究所示，见 6.3.3 节。）

上面讨论的最后一种灵活性是可变性。我们注意到，虽然大脑似乎共享一种宏观结构，但它们的微观结构在一定程度上是不同的，并且不需要学习。例如，我们在心脏血管系统的发育中看到了同样的事情（例如，Gerhart & Kirschner，1997，p.189）。心脏的整体层次结构（如动脉、静脉和毛细血管）在个体功能水平上是恒定的，但血管的确切数量、长度和位置因个体而异。很明显，基因编码并没有提供一份蓝图来具体指定在一个特定的位置会有哪种类型的血管。相反，它提供了一份更像是关于如何构建心脏的计划。这个计划是系统的（例如，"新血管总是通过出芽从旧血管中产生"）（Gerhart & Kirschner，1997，p.169），并且受到严格的约束，这导致有机体在物理上彼此不同，但在功能上相似。然而，这种功能上的相似性是在没有学习的情况下产生的。类似地，人类的大脑可能在功能上是相似的，尽管在细胞的确切位置上存在一些可变性。我们从心脏发育中得到的教训是，这种功能上的相似性不需要以任何方式依赖于学习。

这里的底线是：在生物学的其他领域，我们不会把灵活性或可变性作为学习的前提。我们被赋予的发育机制为我们提供了足够的基础，在没有学习的情况下就能产生复杂的结构组织。来自 Elman 等人（1996）的证据并不能说明大脑组织的情况与其他器官的情况不同。

6.3.3　在获取经验之前关于大脑结构组织的重要示例

事实上，我们有充分的理由相信，至少在学习之前，大脑的某些方面已完成了详细连接。例如，Katz 和 Shatz（1996）发现，眼优势柱（视觉皮层中系统排列的细胞，表现出一只眼睛相对于另一只眼睛的偏差）的基本组织是在获取经验之前构建的。他们的结论（p.1134）是：

视觉经验本身并不能说明视觉系统发育的许多特征。例如，在非人类的灵长类动物中，第四层的眼优势柱一开始在子宫内形成，并在出生时完全形成。因此，尽管视觉经验可以修改现有的柱，但是条纹的初始形成与视觉经验无关。皮层功能结构的其他特征，如方向调节和方向柱，也先于视觉经验而存在。

有趣的是，Katz 和 Shatz（1996）发现了证据，他们正在研究的眼优势柱部分是由系统的电激活波组织起来的。至关重要的是，这些波是在获取视觉经验之前在内部产生的。正如他们所说（1996，p.1133）："在发育早期，内部产生的自发性激活就是根据大脑对功能和生存所必需的连接的初始配置的'最佳猜测'来构建电路的。"事实证明，这些波并非严格必要。Crowley 和 Katz（1999）最近表明，即使在去除了视网膜（被认为是内部产生的波的来源）的雪貂中，眼优势柱也可以形成。因此，目前的想法（Crowley & Katz，1999；Hübener & Bonhoeffer，1999）认为，视网膜产生的波可能在发育中起重要作用，但并不是绝对必要的。

当然，学习在塑造大脑方面确实起着重要作用。例如，我们必须了解构成世界的人和物，并且大概在我们学习任何东西时，大脑的某些部分都会以某种方式发生变化。我的意思不是说学习永远不会影响大脑，而是即使在从外部环境获取经验之前，大脑也可以组织得很好。复杂的微电路连接可以依赖于激活，而不必依赖于外部环境（有关类似观点，请参见 Spelke & Newport，1998）。

的确，即使在经验非常重要的范式示例（Wiesel 和 Hubel（1963）的视觉剥夺实验）中，也证明了这种结构的很大一部分是在获取经验之前发育的。正如经常叙述的那样，Hubel 和 Wiesel 发现，如果在关键时期（从 4 周至 4 个月大）暂时缝合猫的一只眼睛，那只眼睛的视觉细胞就会变得异常。这可能用来解释输入对于眼睛的正常发育至关重要。但是视觉剥夺实验本身并不能排除先天性。较少被引用的进一步实验表明，如果两只眼睛都被缝合，"一半的细胞会正常发育"（Hubel，1988，p.203）。视觉经验并非初始组织构建的根本原因，而似乎只是在调节眼睛之间的竞争。（类似的竞争过程可能是 Elman 等人（1996）总结的规模依赖性发现的基础。）正如 Hubel（1988，pp.202-203）所说：

> 先天与后天的问题是，后天的发育是取决于后天的经验，还是在出生后根据先天的程序继续进行。我们仍然不知道答案，但是从出生时的相对正常反应，我们可以得出这样的结论：剥夺皮层细胞后的无反应性主要是由于出生时存在的连接能力下降而未能形成，而不是因为缺乏经验所导致的。

Gödecke 和 Bonhoeffer（1996）随后的实验支撑了 Hubel 的解释，并进一步强调"学习"的作用是相对有限的。Gödecke 和 Bonhoeffer 用一种两只眼睛都有后天经验的方式来饲养小猫——但不是同时。当一只眼睛能看见东西时，另一只眼睛就被缝合起来，反之亦然。如果经验完成了所有调整视觉皮层的工作，也许有人会认为，拥有两只眼睛形成的"定向地图"的组织会有所不同，这反映了两只眼睛在经验方面可能存在的不同，但 Gödecke 和 Bonhoeffer 发现"两张地图的设计几乎是相同的"（p.251）。可能存在 Gödecke 和 Bonhoeffer 无法测量的差异，但他们的结果至少表明"方向偏好地图的校准不需要相关的视觉输入"（p.251）。与 Hubel（1988）的建议一致，经验可能首先维持现有的连接，而不是组织第一层中的皮层地图。最近由 Crair、Gillespie 和 Stryker（1998，p.566）进行的实验得出了相同的结论，即当眼睛被缝合的猫和眼睛正常睁开的猫相比时，其皮层地图本质上是相同的："早期模式视觉似乎不重要，因为这些大脑皮层地图在 3 周大之前都是一样的，无论眼睛是否睁开。"

正如 Goldman-Rakic、Bourgeois 和 Rakic（1997，p.38）所指出的，"即使在完全黑暗的环境中，猴子的眼优势柱也会发育"（Horton & Hocking，1996）。更一般地说，Goldman-Rakic、Bourgeois 和 Rakic（1997，p.39）认为："因此，皮层

结构的一些基本特征被发现具有惊人的抗严重剥夺所造成的退化的能力，这表明这些特征可能是在内源性和基因调控下形成的。”

简而言之，视觉系统的某些重要方面是先于经验发展起来的，即使外部经验是一个必要的组成部分，它可能只需要保持一种系统的功能，而不是首先考虑组织结构。

6.3.4　解决一个明显的悖论

如果说 Katz 和 Shatz（1996），Crair、Gillespie 和 Stryker（1998）以及 Hubel（1988）这样的神经科学家是正确的，那么至少大脑结构的一些重要且复杂的部分在学习之前就已经形成了。但如果 Elman 等人（1996）是对的，即大脑的发育是相当灵活的，而 DNA 并没有像蓝图那样详细说明什么。如果没有蓝图，在缺乏经验的情况下，复杂的微电路怎么可能出现？

将 DNA 作为配方：结构＝级联＋信号。调节等位性（最好将其看作受限制的灵活性）与获取经验之前可能可用的认知机制的技巧是，认识到基因编码不是蓝图，而更像是配方（Dawkins，1987），其提供了一组类似于折纸教学的说明，用于创建、折叠和组合蛋白质。实际上，即使是配方的隐喻也不能呈现发育过程的“威严”。配方意味着有配方制作者（比如厨师），但没有主配方制作者。取而代之的是，在发育过程中，每个“成分”都有自己的作用，每个人都有自己的指导书。

那本指导书就是遗传密码。事实证明，每个细胞都包含完整的指令副本。使系统正常工作的部分原因是并非所有细胞都遵循相同的指令。一个给定的细胞所遵循的指令集是由该细胞的哪些基因是激活的或表达的来决定的。在一个给定的细胞中，哪些基因是激活的一部分取决于该细胞的特性（是心脏细胞或是肝细胞），另一部分取决于它从局部和附近细胞接收到的化学信号或电信号。换言之，细胞的行为取决于活性，即取决于细胞及其周围的信号。没有一个细胞是一座孤岛。

然而，任何单个基因的作用都非常简单，而且通常局限于产生一种特定的蛋白质。基因的作用如何导致形成如同心脏或者视网膜这样更加精密的结构？

发育生物学的最新研究揭示了答案的一个重要部分：基因可以组合成复杂的序列或级联，其中一个基因可以释放许多基因的作用。所谓的主控基因可以启动异常复杂的发育过程。在一个特定的细胞中激活基因 A 可能导致基因 B、C 和 D 的触发，每一个都可能触发多种基因的作用，进而触发更多基因的作用。例如，如果果蝇触角中的无眼基因被人为激活，果蝇将在其触角上长出完全成形的眼睛（Gehring，1998；Halder，Callaerts & Gehring，1995）。无眼基因并没有详细指定任何一只眼睛中的每一个分子所属的位置，相反，它（间接地）激活一组其他基因，每个基因依次激活更多的基因，以此类推，直到大约 2500 个基因被激活。因此，级联主控基因系统可以导致非常复杂的结构，并且无须学习。

一种提议。由基因驱动的机制（如上文所述的级联）可以与激活依赖性相结合，在不依赖于学习的情况下导致符号加工机制的构建，并且允许先天论与发育灵活性的协调。就像主控基因可以释放一组复杂的细胞间相互作用来构建眼睛一样，我提出一个主控基因可以释放一组复杂的细胞间相互作用来构建记忆寄存器；另一个主控制基因可以释放事件以将这些寄存器放在 treelet 中，从而允许结构化组合的表示；而第三个主控制基因可以触发机制的构建，以实现在寄存器上执行一些计算的操作。

通过细胞间信号传导和级联基因的作用（A 产生 B，B 产生 C 和 D，D 产生 E 和 F，以此类推），可以构建非常复杂的结构，而无须精确的蓝图，也不需要学习。作为第一个近似值，细胞间信号传导和级联基因的结合很好地说明了胚胎的非心理方面是如何发育的，我认为类似的机制在大脑发育中起着重要的作用。

对于那些熟悉发育生物学的人来说，我提出的观点看似平庸，但重要的是要意识到，任何当代认知发育的计算模型都没有认真考虑并实现细胞间信号传导的想法或基因级联的想法。例如，多层感知器是完全预连接的，它们所经历的唯一的发展变化就是连接强度的变化。实际上，这样的模型假定整个网络事先都已详细指定。Elman 等人（1996）考虑到大脑的不同区域可能具有不同的"结构差异"，例如有多少隐藏层是可用的，但不考虑在任何意义上都属于"严格的基因控制"的更复杂的电路连接（p.350）。这样的模型绝不能捕获级联基因的概念：唯一的变化是由学习引起的（它本身无非是由错误驱动的对连接权重的调整）。

最终，唯一可能发生的损坏恢复是学习驱动的恢复。所有用于恢复和发育的规定都是由学习驱动的（例如蝾螈）。同样，移植的组织在某种程度上保留了其原始特性的情况也不易于解释（例如鹌鹑脑实验）。

相反，即使在允许灵活性的系统中，通过由细胞间通信触发的一系列事件的动作来构造大脑的系统也可以产生精细的结构（和功能）。例如，Elman 等人（1996）表明在重新连接的实验中，一块重新连接的视觉皮层学会了像听觉皮层一样的行为，但是学习（基于来自外部环境的信息）可能没有涉及。如果特定的组织部分接收到一些听觉编码的信息（可能像 Katz 和 Shatz（1996）所说的一样自发产生），则可能会表达特定的基因。该基因接下来可能会引发一系列事件，最终导致一些组织以适合耳蜗图的方式组织起来。根据这种观点，供体细胞具有受体区域特性的移植实验将起作用，因为某些组织的局部环境会触发供体细胞中某些基因的表达，从而触发相同的基因通常在接收者组织区域触发的事件级联[9]。

从损伤中恢复可能是这种系统的另一面。如果某些信号不可用，则会启动另一个程序。在蝾螈的案例中，我们已经部分了解了相关的机制（Gilbert，1997，pp.714-715）。失去部分肢体的蝾螈只会重新长出失去的那部分肢体：如果失去手腕，它会重新长出手腕而不是肘；如果失去手臂到肘部，它会重新长出手臂到肘部。截肢点周围的细胞去分化（也就是说，不再是特化的）为再生芽。这反过来又根据化学信号（可能基于诸如局部可用的维甲酸浓度等信息）重新分化为替代组织。在人脑中，可能没有可比的去分化，但是化学信号仍然可以触发基因级联，例如，使组织的一部分代替失去的一种组织。

我在这里只做了最简略的介绍，还有很多问题悬而未决。完整的描述必须阐明什么基因起作用，以及级联如何组织，等等。而且，生物体将依靠高度精确的机制来处理诸如轴突引导之类的过程，而这种机制尚未得到确认（有关建议请参见 Black，1995；Goodman & Shatz，1993；McAllister，Katz & Lo，1999）。但是，绝不排除足够精确的机制，而且我们开始了解可比机制在发育的其他方面是如何工作的。例如，在心脏血管系统的案例中，我们开始了解构成电路的机制，这些机制在功能上是等效的，但在微观上却是可变的（Li et al.，1999）。当然，大脑显然比心脏复杂得多，但是越来越多的证据表明，构成其他器官的某些相同基因也部分负责大脑的构建（例如，Crowley & Katz, 1999）。即使在某些情况下，大脑形成的机制可能很特殊，但可了解基因的先进技术的快速发展仍使我们感到乐观。

Elman 等人（1996）的错误之处在于，他们将表征先天论等同于将 DNA 视作蓝图的想法[10]。但是我们已经看到，在缺乏经验的情况下，生物学为创造复杂的微电路提供了其他机制。缺乏蓝图并不能说明表征的先天性或计算机制对于符号加工而言是必需的。

相反，生物学提供了在缺乏经验的情况下建立复杂结构的机制。关于可学习性的考虑和实验证据表明，符号加工机制必须是这样组织的一套机制。采用最初步的直观描述，我的建议就是主控基因级联可以与激活依赖性相结合以形成一个发育系统，即使在缺乏学习和面对某种程度的逆境的情况下，这个系统也能强有力地构建一个结构精细的且拥有足够复杂的学习机制的大脑去面对世界。

结　　论

一个经常被接受但可能很少被执行的研究策略是，从最简单的模型开始，看看能走多远，然后利用遇到的所有限制来激发更复杂的模型。因为多层感知器几乎是许多领域中最简单的模型，所以它们为实现这一研究策略提供了一个理想的环境。

沿着这一思路，本书可以被看作一项研究，这项研究主要探讨简单的多层感知器究竟可以走多远，并特别注意观察到的局限性，以此作为激励更复杂模型的一种方式。我认为三个关键局限性破坏了多层感知器方法：

- 通过反向传播训练的每个变量多节点的模型缺乏自由泛化抽象关系的能力（第 3 章）。
- 至少在标准的使用情境中，多层感知器不能鲁棒地表示知识位之间的复杂关系（第 4 章）。
- 至少在标准的使用情境下，多层感知器无法提供一种区分个体追踪与种类追踪的方法（第 5 章）。

我们已经看到这些局限性为用于语言屈折、人工语言学习、客体永久性和物体追踪的多层感知器带来的不利影响。这样的模型根本无法捕获日常推理的灵活性和强大能力。人类可以表示特定的实例，了解这些实例之间的任意关系（尽管存在记忆限制），并将感官输入流与长期知识相结合，以实时创建和转换表示形式。我们不断创建和解释复杂的表达方式（"最新的伍迪·艾伦电影的评论在厨房桌子上的《纽约客》杂志中"），并将其与我们的感知系统（我们认出杂志）、运动系统（我们拿起杂志）和语言系统（我们说"谢谢！我找到它了！"，用"它"来指代为这种场合而创造的一次性表达）相协调。我们可以学习明确的规则，例如，"当我说任何以'ly'结尾的单词时，请重复该单词"（Hadley，1998），然后自由地对其进行泛化，而无须任何输入输出训练示例。我们很容易完成追肥皂剧时所必需的所有快速变量绑定，在这种肥皂剧中，Amy 爱 Billy，Billy 爱 Clara，Clara 爱 David，David 爱 Elizabeth，Elizabeth 爱 Fred，Fred 爱 Gloria，Gloria 爱 Henry，而讽刺的是，我们最终发现 Henry 爱 Amy。实时创建和利用这些表达式取决于具有可以快速创建和操作这些表达式的系统，而不是成百上千的试验。

多层感知器并没有告诉我们如何完成这些事情。但是多层感知器的限制可以告诉我们一些东西，那就是如何建立更好的模型。多层感知器的限制激发了认知的三个基本组成部分：

- 变量之间关系的表示
- 结构的表示
- 与种类的表示不同的个体的表示

当然，在研究策略中存在一种内在的不对称性，即从简单的模型开始，以此来发现真正需要的元素。消极的论据在排除特定种类的论据时是决定性的，积极的论据永远也不会是决定性的。充其量，积极的论据只能被哲学家礼貌地称为非指示性的。这一直是科学探究的本质（Popper，1959）。这种不对称性在这里意味着，尽管我们可以确信某些类型的模型根本无法捕获某种类别的认知和语言现象，但我们永远无法确定替代方案。我还没有证明大脑实现了符号加工。相反，我仅描述了符号加工如何支持相关的认知现象。我们所能做的就是暂时接受符号加工以提供最佳解释。

即使假设符号加工的基本组成部分（符号、变量之间的关系、结构化表示以及个体的表示）确实是大脑的真正组成部分，仍有许多工作要做。首先，我们需要弄清楚这些组件是如何在神经硬件中实现的。在整本书中，我都试图就这些问题提出建议。我认为，实现为细胞间或细胞内电路的可物理定位的寄存器可能充当了变量值存储的基质。我认为，这些寄存器可以按层次结构排列成 treelet 以表示结构化知识，并且此类设备可以用作表示个体知识的基质。尽管我认为这些建议是合理的，但很明显，就目前而言，它们仅是推测性的，充其量是关于大脑可能用于实现符号加工的方法的合理假设，而不是事实。

其次，即使符号加工的组成部分确实在我们的心理活动中发挥了强大的作用，它们也不太可能占据用于认知的所有组成部分。取而代之的是，似乎许多其他基本计算元素在认知中也起着重要作用。例如，用于编码图像的表示格式很可能与支持命题编码的各种表示格式不同（Kosslyn，1994；Kosslyn et al.，1999）。同样，我们似乎有一个系统，可以用模拟表示来表示数值信息，并对这些模拟表示进行算术计算（Gallistel，1994；Gelman & Gallistel，1978）。确实，甚至多层感知器也可能在心理活动的某些方面发挥作用。例如，诸如多层感知器之类的模式关联器可以提供出色的模型，说明我们如何记住一些例外，以及更广泛地讲，我们如何配对任意信息位。我们对个体事物的记忆对它们的出现频率敏感，并受相似事物的记忆的影响。多层感知器也在很大程度上受到频率和相似性的驱动，因此可能最终提供对记忆的某些方面的充分解释。

事实上，对认知的充分解释，似乎很可能会在对频率和相似性敏感的记忆机制以及同等地应用于类中所有成员的变量的操作中占有一席之地。甚至有很好的理由认为这两种类型的计算可以在同一个域中共存。如 3.5 节所示，这两种类型的计算在如何表示和获得语言屈折的问题中都扮演着重要角色，这表明英语中不规则动词的过去时态（如 *sing-sang*）取决于对频率和相似性敏感的模式关联器，而英语中的规则动词（如 *talk-talked*、*perambulate-perambulated*）由连接一个符号（添加词根 *ed*）的操作进行泛化，不论**动词词干**如何实例化。这些机制也可能在不同的域共存，如语言感知和社会认知（Marcus，2000；Pinker，1999）。

在任何情况下，即使是一份完整的基本元素清单也无法提供全面的认知科学理论，就像晶体管和触发器等元素的完整清单无法提供完整的数字计算机操作理论一样。在我们寻求理解大脑的运作及其与神经基质的联系的过程中，对基本计算组件的理解很可能是有帮助的——一个缺乏规则、缺乏结构化表示或缺乏对个体的表示的大脑无疑会与我们自己的大脑大不相同，但是对基本组件的基本层面的理解绝对不够。

正如我在第 6 章中提到的，人类和其他灵长类动物的认知差异可能不在于基本层面的组件，而在于这些组件是如何相互联系的。为了理解人类的认知，我们需要了解基本的计算组件（比如解析器、语言获取设备、识别物体的模块等）是如何被集成到更复杂的设备中的，还需要了解我们的知识是如何被结构化的，以及我们表示了什么样的基本概念的区别，等等。举一个例子，可以表示规则和结构化表示的系统具有原则上的能力，可以表示可能限制世界语言变化范围的抽象原理，但是计算组件本身并不能告诉我们人类大脑中实际上实现的是无数可能的语言限制中的哪一个。

考虑到所有这些注意事项，你可能想知道为什么我们应该关心提出一组基本元素。我认为有两个原因。首先，基本的计算元素集对我们的认知理论施加了一些限制。例如，如果事实证明我们根本无法表示抽象规则，那么我们希望开发一套截然不同的语言获取设备的工作原理。

其次，如果我们知道基本的计算元素是什么，就能更好地理解认知是如何在底层的神经基质中实现的。正是在这里，我相信联结主义具有最大的潜力。人们可能有理由认为，迄今为止上述工作进展相对缓慢——部分原因可能是社会问题的压力过于狭隘地限制了正在探索的可能模型的范围。但是，当我们开始扩展可能的模型范围时——不是将联结主义作为一种消除符号加工的工具，而是作为一种更好地理解如何实现符号加工的组件的工具——取得进展的机会是巨大的。

正如 Gallistel（1994，p.152）所说："为了实现可计算的神经生物学，我们将不得不探究计算元素是如何在中枢神经系统中实现的。"正如 Mendel 在遗传学方面的开创性工作——确立遗传的基本单位（Mayr，1982）——为致力于理解遗传的分子基础的分子生物学家提供了一些指导一样，也许仔细研究心理构建模块也可以为认知神经科学家提供指导。

认知神经科学的目标是理解神经科学和认知之间的映射关系，从而理解人类的心理活动是如何从大脑的生物活动中产生的。迄今为止，认知神经科学的进展一直受到我们对大脑某些低级属性的理解与对大脑某些非常高级的属性的理解之间的巨大差距的阻碍。我在这里所描述的心理构建模块在某种程度上介于两者之间，高于有关细胞传导的事实，但低于有关分析歧义句子的事实。当我们开始识别和进一步理解这些中间层次的构建模块时，可能更容易将神经科学与认知联系起来。

第 1 章

1. 要了解联结主义的历史以及历史上许多重要的文献，请参见 Anderson 和 Rosenfeld（1988）及其后续工作 Anderson、Pellionisz 和 Rosenfeld（1990）。

2. 尽管我捍卫了 Anderson 列出的基本要素，但我并不是要谈论有关他捍卫的特定模型的问题。即使其基本构建模块正确，模块的排列方式也悬而未决。大脑很可能具有 Anderson 所建议的构成要素，但它们是以其他方式排列的。在 Anderson 的忧虑中，核心就是基本要素的排列问题。

3. 在当代语言学理论中，规则、原则（Chomsky，1981）和最优性框架的可违反约束（Prince & Smolensky，1997）有时是有区别的。就我的目的而言，这些可以等价地处理：每一个都是一个通用的泛化，适用于无限类的可能实例。我在这里给出的论据并不是在规则、原则和可违反约束之间做出选择，而是将那些方法与其他缺乏通用的泛化方法区别开来。

第 2 章

1. 这些连接既可以从输入层"前馈"到隐藏层再到输出层，也可以向后"循环"，比如从输出层到输入层（Jordan，1986），或者从上下文层到隐藏层（Elman，1990）。有关循环连接的进一步讨论请参见 2.2.2 节。

2. 如果我们允许输入单元直接连接到隐藏单元和输出单元，则可以仅使用一个隐藏单元捕获 XOR。

3. 如果最初将所有权重设置为相同的值（例如 0），则像反向传播这样的学习算法将不起作用。这些算法依赖于一种责任分配形式——只有当馈入给定节点的每个连接权重具有不同的值时才有效。最初的随机化是打破对称的一种形式，它使责任分配成为可能。

4. 为了简单起见，假设有一个隐藏层，但是在具有任意层数的网络中，很容易使用反向传播算法来调整连接权重。

5. 与（简单的）delta 规则相比，此处输出节点的误差度量稍微复杂一些，因为它通过激活函数的导数来缩放目标值和观测值之间的差异，计算公式为 $a_u(1 - a_u)$。

6. 虽然所有通过反向传播训练的多层感知器都依赖于一个监督者，但并不是所有的联结主义模型都使用需要监督者的算法进行训练。一些无监督模型试图在没有监督的情况下形成感知类别（Lee & Seung, 1999；Schyns, 1991；Hinton et al., 1995）。其他的强化模型试图通过仅使用关于模型的一个给定行为是否导致成功的反馈来学习（例如，Barto, 1992），而不是通过使用关于给定输入的目标的详细反馈来学习。例如，Barto 描述了一个模型，该模型试图在车厢里垂直地平衡一根可以前后移动的柱子。环境不会告诉学习者在特定的情况下需要采取什么行动，但是环境会告诉学习者在特定的情况下特定的行动是否会导致成功。只有这些相对贫乏的信息，人们不能使用反向传播，但是 Barto 证明了强化学习算法在这种情况下是可以成功的。然而，我在这里不讨论这些替代方法，因为还不清楚它们将如何用于本书中讨论的各种语言和认知任务。

7. 为了让模型知道 *Penny 是 Arthur 和 Vicki 的母亲*这一事实，Hinton 激活了输入单元 Penny 和 mother，并告诉模型目标是激活输出单元 Arthur 和 Vicki。

8. 构造通用函数逼近器的一种方法取决于有无限个隐藏单元，而另一种方法则取决于有无限精度的隐藏单元。这两种假设在生物学上都不合理，因为所有的生物学构件都是有限的。

9. 事实上，函数逼近器本身对于消除型联结主义和符号加工之间的对比是盲目的，其没有涉及近似给定函数所需的模型是否实现符号加工的问题。

10. 为研究那些在生物学上不合理的模型的价值进行有力的辩护，请参见 Dror 和 Gallogly（1999）的积极辩护。

11. ASCII 示例还清楚地表明，组成分布式符号的各个组件不必具有单独的意义（以任何超出约定的方式）。例如，A、C 和 E 最右边的位是 1，但 B、D 和 F 最右边的位则不是 1。它不会特意选出元音字母或笔画中带有弯曲线条的字母，而只是挑选那些根据特定（广泛使用但任意）约定而分配为奇数的对象。同样，一些多层感知器使用的节点也不具有单独的意义。

第 3 章

1. 甚至在那些怀疑符号加工起着重要作用的人当中，有些人也不愿意声称多层感知器缺乏规则。例如，Elman 等人（1996，p.103）支持多层感知器，但认为"联结主义模型确实实现了规则"。这些研究人员认为，多层感知器做出了贡献，但这种贡献并不是完全消除规则，而是提供了一种替代方法，其中的规则"看起来与传统的符号规则非常不同"。因为这些研究人员还没有弄清楚他们所说的规则是什么意思，所以还不清楚他们的观点是什么，也不清楚如何解决他们的观点与 Rumelhart 和 McClelland 的观点之间的分歧。为了避免这种混淆，我将术语规则的使用限制在变量之间的抽象关系的情况下。

2. 正如 Gerald Gazdar 指出的（私人通信，2000 年 6 月），二元谓词的级联不是一对一的，例如，*ab* + *cd* = *abc* + *d* = *abcd*。但是，可以将级联看作一组一元谓词（如级联 *ed* 或 *ing* 等），其中的每一个都是一对一的。

3. 这个例子在很多方面都做了简化。例如，第三人称单数名词短语（如 *man*）不能与复数动词短语（如 *sleep soundly*）组合。详细说明构成英语语法基础的精确体系远远超出了本书的范围。我的观点很简单，语法可以被认为是关于变量之间关系的系统，并且可以自由泛化。这个事实在诸如广义短语结构语法（Gazdar, Klein, Pullum & Sag, 1995）这样的系统中是透明的，但是，正如第 1 章中指出的，它也适用于由抽象原则（Chomsky，1981）或可违反约束（Prince & Smolensky，1997）组成的语法理论。

4. 一个系统如果具备了表示和泛化的方式，比如变量之间的代数关系，那么它就有可能被用来把示例存储在内存中。这样的系统可能会发现，与给定映射的其他可能实例相比，训练示例更加"熟悉"，即使它可以重新识别不太熟悉的实例。

5. 有两个注意事项。为了简单起见，我假设所有输出激活都是线性的，并且表示方案是固定的。如果输出激活函数可以自由变化，则每个变量一个节点的模型可以表示非一对一的函数。例如，如果输出函数是二进制阈值函数，则可以将所有负输入映射到 0，将所有正输入映射到 1。类似地，通过使用一组输出节点，每个节点具有不同的激活函数，可以实现"模数转换器"，其工作原理类似于将麦克风的电压转换为数字"01 序列"的设备。或者，如果表示方案可以在不同的试验中自由变化，则可声称其能够捕获任何网络的任意映射。例如，假设我们要表示曼哈顿住宅电话簿中字母顺序和电话号码之间的映射，并且坚持使用这样的模型：该模型具有一个连接到权重为 1 的输出节点的输入节点和一个线性激活函数，即输出总是等于输入。通过规定，我们可以声明输入代表给定联系人的字母顺序（1.0 代表第一个字母，等等），并且输出激活任意地编码该人员的电话号码（输出 1.0 代表电话簿的第一个电话号码，2.0 代表第二个电话号码，以此类推）。这样的解决方案无法令人满意，因为每当有人更改电话号码时，它会调用其他无法解释的策略来更改输出编码方案，同样，每当一个新的联系人被插入电话簿时，它会调用外部策略来改变输入编码方案，从而把解释的负担从计算系统转移到一个奇怪的（且无法解释的）表示系统。

6. 对连续变化的输入节点的两个值进行训练的模型可以泛化到该输入节点的其他值，但仍然不能将 UQOTOM 泛化到其他输入节点。可以在节点内进行泛化，但不能在节点间进行泛化。在后面描述的情况中，正确捕获人工数据似乎需要在节点之间进行模型泛化。

7. 关于类似的建议，参见 Yip 和 Sussman（1997）。

8. 我在下面的讨论中忽略的一个模型是 Kuehe、Gentner 和 Forbus（1999）提出的模型（因为它并没有作为联结主义模型而被提出），Kuehe 等展示了他们曾提出的一个符号加工类比模型（Falkenhainer，Forbus，and Gentner，1989）如何在最小的修改下捕获我们的结果。目前看来，他们的模式至少和任何一种联结主义模式一样有效。需要进行实证研究，将其与能够捕获我们的数据的联结主义模型进行比较。如果它被确定为最佳模型，则需要进一步的工作来指定如何在神经基质中实现它。

9. 每个变量多节点的简单循环网络可以捕获我们的结果的一种方法是选择一种表示形式，使得区分一致和不一致测试项的特征对比与区分一致和不一致习惯化项的特征对比重叠。例如，可以为每个音节分配一个由四个二进制位（两个 1 和两个 0）组成的随机字符串。在这种情况下，在对比中可能会出现相关的重叠，但泛化则是一种不明确的编码技巧的结果，而不是学习机制本身。此外，该系统对输入的表示形式的性质过于敏感，这对与所表示的内容完全不相关的表示方案有效，但对更现实的、独立且明确的方案（如语音）则无效。下面描述的其他系统更加灵活，能够通过各种表示方案捕获婴儿实验的结果。

10. Altmann-Dienes（1999）模型提出了一些难以置信或非正统的假设。例如，它依赖于一种机制，这种机制会选择性地冻结某些节点的权重，而不会冻结其他节点的权重，并且精确地在习惯化阶段结束和测试试验开始的时刻执行冻结。婴儿没有得到任何有关实验阶段变化的明确指示，也不清楚这种变化在日常生活中对应的是什么。此外，据我所知，没有其他模型具有这样的机制，而且据我所知（尽管我不希望过多地强调这一点），没有任何生物机制能够与应用学习机制的这种选择性短期变化相兼容。这些考虑都不是决定性的，但它们确实给了我们暂停的理由。

11. 尽管 Seidenberg 和 Elman（1999b，p.288）指责我们"改变了'规则'的概念……为了符合联结主义网络的行为，他们没有给出任何理由来支持监督者没有实现（代数）规则，也没有给出作为规则的替代说明。"

12. Shultz（1999，p.668）认为，"使用模拟编码不仅仅是在变量绑定中走私

（smuggling）的一种方式……因为当激活被向前传播到非线性隐藏单元时，对输入单元的赋值会丢失。"但这仅仅意味着隐藏单元对输入单元实例的非线性变换进行编码。一个计算 $f(x)=x^e$ 的系统仍然是代数系统，它对所有实例应用一致的操作。

13. 根据需要在线添加隐藏单元，可使用一种称为级联相关的技术（Fahlman & Lebiere，1990）。关于这些模型如何应用于认知发展的进一步讨论，见 Mareschal & Shultz（1996）和 Marcus（1998a，sec.7）。

14. Nakisa 和 Hahn（1996）最近提出了在模型之间进行选择的第四个标准。这些作者选择了德语名词的语料库，并将各种不同的学习架构（包括通过反向传播训练的三层前馈网络）应用于"对半"任务，其将名词语料库的一半用作训练，另一半用作预测。Nakisa 和 Hahn 发现，与规则 – 记忆模型相比，单机制模型可以正确预测较高比例的未训练名词的屈折形式。例如，三层感知器模型正确预测了 83.5% 的未训练词的复数，而规则关联模型仅正确预测了 81.4% 的未训练词。从这些结果中，Nakisa 和 Hahn 得出结论：规则 – 记忆模型不如单一机制模型。其隐含地采用了这样的标准，即在对半任务上更好的模型具有更高的"准确性"。

尽管这一论点一开始似乎对于规则关联的立场是毁灭性的，但它建立在对数据在心理上要表达什么内容的困惑之上。Nakisa 和 Hahn 含蓄地假设 100% 正确的表现是最好的，但是他们并没有测试人类在对半任务中的表现。事实上，我们有充分的理由怀疑人类是否能 100% 正确。这里的重点是，最好的模型不应该是 100% 正确的模型，而应该是像人类一样的模型，Nakisa 和 Hahn 从来没有解决过这个问题。

事实上，Nakisa 和 Hahn 认为所有对非规则新词的规则屈折的泛化都是不正确的。但说到动词（数据更丰富的地方），考虑一下这样一个事实：大多数成人会将生词 *shend* 变为 *shended*，尽管 *shend* 实际上遵循 *bend-bent* 和 *send-sent* 的模式，其正确的过去式形式是 *shent*。相比于准确预测人类倾向于将 *shend* 变为 *shended* 的模型，Nakisa 和 Hahn 认为预测 *shent* 的模型更好。但是从心理学的角度来看，预测 *shent* 的模型应该被认为更差。

类似的情况也适用于德语的复数体系。（在英语中很难给出例子，因为其不规则复数非常少。）

同样，接触过一半名词的儿童会正确预测另一半名词的屈折吗？（来自动词的）经验证据表明他们不会这样做：如前所述，儿童倾向于过度规则化低频的不规则动词。但是，Nakisa 和 Hahn 再一次将过度规则化的模型（与儿童的做法一致）算作比正确预测低频不规则屈折的模型（不同于儿童的做法）更差的模型。

到目前为止，我们还不知道人类是如何完成 Nakisa 和 Hahn 在他们的模型中使用的对半任务的，但是一个适当的模型应该能够说明这样一个事实：儿童倾向于过度规则化不规则的生词。从人类关于对半任务的数据来看，还不清楚人类心理学模型应该做什么，但似乎在对半任务上做到"100%正确"与成为一个良好的心理学模型几乎没有关系。

15. 尽管母语为英语的儿童在经历第一次过度规则化之前确实经历了使用一些正确的不规则屈折的阶段（Marcus et al., 1992），但是在初始阶段，他们在过去时态中使用动词并不都是正确的。相反，早期正确的过去式形式与过去式上下文中的词干用法并存（例如，*I sing yesterday*）。过度规则化代替了这些未标记的形式，而不是正确的形式（Marcus, Pinker & Larkey, 1995）。

16. Plunkett 和 Marchman 的模型在屈折规则动词时也产生了混合结果，大约占比 10%，远比人类儿童多（Marcus, 1995；Xu & Pinker, 1995）。

17. 尽管分类器模型依赖（外部实现的）代数规则，但它们对这些规则的隐式使用并不能确保其具备足够的经验。事实上，这似乎并不是因为它们用于调节规则和不规则形式的机制是一种易于导致混合结果的机制。在规则 - 记忆模型中，"在词干后添加 *ed*"的处理方式是受限的，并且只有在不规则屈折不会对其产生抑制的情况下才可应用，但是分类器有效地允许 *ed* 处理过程和不规则处理过程共存。根据对输出的不同解释，分类器通常要么过度产生混合（如果输出被认为是高于阈值的单元），要么依赖于输出节点的可疑数量（如果输出被认为是最活跃的节点）。否则，可能被视为混合的每个类，例如 *ell-old* 类（*sell-sold*, *tell told*）和 *eep-ept* 类（*keep-kept*, *sleep-slept*），都必须被分配一个单独的输出节点。

18. 因为 Hare、Elman 和 Daugherty（1995）的混合模型要求动词词干的首字母不仅要对规则动词而且要对不规则动词进行复制，所以该模型从字面上不能表示诸如 *go-went* 或 *is-were* 这样的非规则动词。

19. 虽然 Pinker 和我认为儿童必须学习"添加 *ed*"的规则——也许是在某种先天能力的帮助下，但是 Hare 等人的模型实际上天然地构建了这个规则。事实上，Justin Halberda 和我（Marcus & Halberda，在准备中）发现，网络有时会默认在接触到它正在学习的语言之前添加 *ed*。

第 4 章

1. 我使用命题这个术语的意义是，它通常在心理学著作中被使用，表示某种程度上与句子相对应的心理表征。一些哲学家以一种非常不同的方式使用这个术语——他们把命题当作一种既不是心理表征也不是句子的抽象实体（例如，Schiffer，1987）。

2. 虽然一个适当的系统有必要为每个句子编码不同的语义，但这是不够的。系统还必须有一种使用语义的方法，例如，确定施事、受事和所描述的动作。目前还不清楚句子预测网络能否做到这一点。

3. 我测试的网络包含四个输入单元，每个输入单元连接到三个隐藏单元，每个隐藏单元又连接到四个输出单元。将偏置单元连接到每个隐藏单元和每个输出单元。网络学习个体与并非总是可访问的事实之间的关联。其中，个体被编码为四个输入特征的分布式集合；事实由单独的输出节点编码，例如 ±Likes-the-Red-Sox、±owns-a-Civic、±won-the-lottery。我对模型的解释为，如果模型将某个单元激活到大于 0.5 的水平，则推断这个人（Esther）彩票中奖。在训练之前，其他 15 个人的平均输出值是 0.009；经过 Esther 的"好运"训练后，其他 15 个人的 won-the-lottery 节点的平均输出值为 0.657。在 Ramsey-Stich-Garon（1990）命题架构中对相同个体进行训练可以观察到相似的结果。

4. McClelland、McNaughton 和 O'Reilly（1995）的解决方案也在一开始就放弃了重叠表示的明显优势。如果我们把每件事都复述一遍，就不太可能进行泛化。有人怀疑，如果 McClelland 等人在使用交错学习方法的同时重复 *emu* 案例（即 Rumelhart 和 Todd 的模型成功泛化的案例），成功的泛化可能会消失。

5. 如果导致记忆容量限制的是少量固定数量的相位这一事实，那么这些限制就可以被认为是独立于所能记住的内容之外的。我的直觉是这个预测是不正确的。在非正式的测试中，我发现，如果参与实例化的实体是我们熟悉的或特点突出的，那么人们可以记住更多新学习的谓词实例化。例如，*Paul Newman kissed Madonna*、*Madonna kissed Prince*、*Prince kissed Tina Turner* 和 *Tina Turner kissed President Clinton* 这四个事实很容易记住，但如果换为 *John*、*Peter* 或 *Mary* 这种不那么突出或带有个人色彩的名字，就不容易记住了。这种（明显的）与内容相关的交互作用，使我们联想到其他领域的许多记忆经验，这说明导致记忆容量限制的不是由振荡相位长度等限定的少量数量。当然，究竟是什么机制限制了我们的记忆，这个问题仍然没有答案。

6. 20 世纪 60 年代末和 70 年代初的一些研究人员（例如，Collins & Quillian，1970）试图使用语义网络来解释某些事实，比如人们可以多快地确认某些事实，如 *a robin is a bird* 或 *a robin in an animal*。研究人员后来意识到，语义网络实际上可以由各种各样的数据构成，而其他各种形式体系也可以很好地捕获这些数据（例如，Conrad，1972）。回顾过去，我认为我们得到的教训是不应该用表示机制本身来解释这种反应时间差异。这种差异部分取决于底层表示格式的本质，但也取决于处理存储内容和推断内容细节的表示的推理机制的本质。我对这些细节没有做出任何承诺，因此也没有关于反应时间与句子验证相关的声明。

第 5 章

1. 为了避免一些与本书无关的次要问题，我采用了非常宽泛的种类的概念。这里不仅包括自然的种类（如 Kripke，1972；Putnam，1975）（如 CATS

和 DOGS)、名义上的种类（如 Schwartz，1977）（如 CIRCLES 和 EVEN NUMBERS）和人工制品的种类（如 TABLES 和 CHAIRS），还包括更为精细的类别，如 LITTLE WHITE THINGS MANUFACTURED IN ST. LOUIS。我这样做并不是要提出一个强有力的主张，即所有这些事物是否在心理层面以同样的方式被呈现出来，而只是将它们与个体的心理表征进行对比。关于种类的进一步讨论，见 Keil(1989) 和其中引用的参考文献。同样超出了目前讨论范围的是关于我们对种类和个体的心理表征如何与世界上的种类和个体相对应的问题（例如，Dretske，1981；Fodor，1994）。

2. 种类和个体之间的一般对应关系可能有一些例外：不合逻辑的种类（SQUARE CIRCLES，EVEN PRIME NUMBERS GREATER THAN TWO，等等），独特的实例种类（BUDDHA，ELVIS），大规模的种类（WATER，COFFEE，MILK，等等）。相关讨论参见 Bloom（1990）、Chierchia（1998）和 Gordon（1985）。可以证明的是，在适当的情况下，上述种类也可以找到对应的个体（例如，*this square circle* 与 *that square circle*，*the young Elvis* 与 *the older more rotund Elvis*，*this cup of water* 与 *that cup of water*）并进行计数（例如，*the four square circles at the Met*、*the five Elvises at the costume party* 和 *the four cups of coffee*）。

3. 一个有趣的相关问题（正文中没有提到）是我们如何表示泛化，比如 *dogs have four legs*。最近的综述见 Prasada（2000）。

4. 如果介绍第一只毛绒熊时，所用的语法表明 *zavy* 是一个普通名词而不是一个名字（例如，这是 zavy），那么儿童将同时指向两只熊，认为它们都是 zavy 的示例（Gelman & Taylor，1984；Katz，Baker & Macnamara，1974；Liitschwager & Markman，1993）。

5. 我使用的简单前馈网络包含八个输入单元（对新实体的属性进行编码，例如 ±furry、±wears-a-bib 和 ±is-in-the-middle）、四个隐藏单元和四个输出单元（对应于 *zavy*、*dax*、*wug* 和 *fep* 等新词）。我对网络进行训练，输入模式 111000 与 Zavy 的初始状态相对应，模式 00001111 与 dax 相对应。测试是比较输入模式 11110000（表示诱饵熊，在初始状态中具有

Zavy 所具有的所有属性）与输入模式 1001000（表示第一只毛绒熊，现在没有围兜，也不再位于中心位置）对 zavy 单元的激活强度。结果是诱饵熊比第一只熊激活 zavy 的强度更高（0.930 对 0.797）。

6. 这并不是说婴儿和成人没有任何区别。例如，Xu 和 Carey（Xu，1997；Xu & Carey，1996）认为，10 个月大的婴儿与成人在决定表示两个而不是一个个体的标准上有所不同。尽管成人（和 12 个月大的婴儿）会利用属性方面的某些差异（如形状差异）来表示两个不同的物体，但婴儿在大约 12 个月大之前可能不会使用这些信息。不过，即使是 10 个月大的婴儿也和成人一样，在追踪个体时，他们会优先考虑时空信息而不是属性信息。

7. Simon 模型中的这些规则是对变量的量化操作：它们适用于所有可能被标识为物体的 x 实例，不管这些物体是熟悉的还是不熟悉的。例如，一个规则为所遇到的每个个体创建一个新记录，并（大致）声明："对于任何物体 x，如果没有关于物体 x 的先前记录，则为 x 创建一个新记录。"因此，Simon 的模型完全符合符号加工传统，具有组件量化规则和个体表征。

第 6 章

1. 由于没有一种实验方法是完美的，所以很难在能力首次可用时建立"以前"的界限。一种能力可能在我们用现有方法检测不到的更早的年龄就已经存在，但也可能由一些尚未发现的方法引出。

2. 也有可能一些鸣禽在交流中利用了层次结构。例如，模仿鸟的求偶叫声可能包括知更鸟复杂叫声的三次重复，然后是麻雀复杂叫声的三次重复（Carter，1981）。也有一些理由支持层次结构在一般鸣禽中起作用（Yu & Margoliash，1996）。

3. 有证据表明，黑猩猩 Kanzi 有能力解释这种初级的语序，但这种能力可能是基于某种一般智力，而不是基于结构化语言组合的任何鲁棒表示。

4. 从 Kruuk（1972）对鬣狗的研究中可以看出，鬣狗的实际追踪能力是否依赖于表示个体符号，这是一个开放性的经验主义问题。至少，我们需要测试鬣狗是否有能力追踪到一个特定的角马符号，因为其他的角马符号看起来都是一样的。如果它们做不到这一点，那可能是因为鬣狗只是在高度指定的地点追踪类型（如 SHORT, SCRAGGLY WILDEBEESTS WITH UNUSUAL SPOTS ON THEIR HIND LEGS）而不是真正遵循特定的符号。

5. 我对 Wynn（1998a）提出的一种可能性表示怀疑，即个体化能力可能源于计数能力。我怀疑不具备计数能力也可能进行个体化，而且，能够进行个体化的物种远多于能够进行计数的物种。确实，Gordon（1993）的一项研究表明，亚马逊皮拉罕人部落的成员数量超过两个的可能性很低，但随着时间的推移，它们似乎能够做到个体追踪。

6. Gehring（1998, p.56）引用著名线虫学家 Sidney Brenner 的比喻，将线虫的预先形成与哺乳动物的更灵活的发育之间的差异比作欧洲人和美国人之间的差异：

> 欧洲的方法是让细胞做自己的事情，而不是和其邻居交流太多。血统才是最重要的，一旦一个细胞在某个地方出生，它就会留在那里，按照严格的规则发展。它不关心邻居，甚至它的死亡都是程序化的。如果细胞在事故中死亡，它也不能被替换。美国的方式恰恰相反。祖先不算数，在许多情况下，细胞甚至可能不知道它的祖先或它自己来自哪里。此时重要的是与邻居的互动。一个细胞经常与其他细胞交换信息，并且经常需要移动以实现目标并找到合适的位置。细胞非常灵活，可以与其他细胞竞争给定的功能。如果细胞在事故中死亡，则很容易被替换。

这个比喻有点令人难以置信。虽然美国人的比喻适用于哺乳动物，但最近的证据表明，即使是在线虫身上，这种类比的适用程度也可能较低（关于线虫的发展回顾，见 Riddle，1997）。

7. 我有一个术语上的担忧。我不确定 Elman 等人（1996）想要强调的区别（关于架构与表示）是否可以被清楚地描述出来，无论如何，他们似乎是用特定种类的大脑连接的事实来确定表征先天论。我认为表征先天论是关于表征是否是先天的，因此是关于表征的——关于表示其他事物的事物。

这种层面的表征在 Elman 等人的表征先天论概念中似乎是缺失的。尽管如此，出于目前的目的，我把这种担心放在一边，考虑使用 Elman 等人对这个术语的定义的论证。

8. 在 Elman 等人（1996）的陈述中有一个重要的模棱两可之处，即排除无关紧要的立场（将准确连接精确定义为蓝图）和排除重要的立场（连接由生物体内部的相互作用形成，并且在暴露于外部环境之前便已形成）。因为他们将天生定义为"先于环境"，并且因为他们（见他们书中的"有人不同意吗"一章，pp.367-371）联合起来反对像 Spelke 和 Pinker 这样的先天论者，所以他们似乎既反对排除无关紧要的立场，也反对排除重要的立场。

9. 许多移植实验只在发育的某些关键时期起作用。一个移植实验是否成功取决于几个因素，包括移植组织能获得的适当的化学信号和电信号的强度，以及移植组织已经被分化的程度。

10. 很容易理解为什么 Elman 等人（1996）认为这两种想法是等同的。在他们的模型中，先天表征就是一个预先指定的权重矩阵。事实上，当 Elman 和他的同事（在其他机构）通过一些模拟来探索进化过程时，不得不考虑网络之间的个体表征差异的先天基础，因此他们开发了初始权重并非完全随机的网络。准确地说，一个给定的子网络的初始权重应该与它的父网络的初始权重相同或非常相似（Nolfi, Elman & Parisi, 1994）。因此，在这样的网络中，先天性等同于特定的预先设定的连接权重：先天性是遗传的拥有明智连接的蓝图。Nakisa 和 Plunkett（1997）提出了一个略微不同的进化模型，它并不依赖于天生的连接权重，而是依赖于天生的蓝图。在这种情况下，蓝图指定了预先指定的子网之间的连接的拓扑结构（以及一组 64 个感受细胞，它们对听觉光谱的部分波段很敏感，并提供了关于在网络的哪个部分使用什么学习规则的信息）。

Abler, W. L. (1989). On the particulate principle of self-diversifying systems. *Journal of Social and Biological Structures, 12*, 1–13.

Altmann, G. T. M., & Dienes, Z. (1999). Rule learning by seven-month-old infants and neural networks. *Science, 284*, 875a.

Anderson, J. A., & Hinton, G. E. (1981). Models of information processing in the brain. In G. Hinton & J. A. Anderson (Eds.), *Parallel models of associative memory.* Hillsdale, NJ: Erlbaum.

Anderson, J. A., Pellionisz, A., & Rosenfeld, E. (1990). *Neurocomputing 2: Directions for research.* Cambridge, MA: MIT Press.

Anderson, J. A., & Rosenfeld, E. (1988). *Neurocomputing: Foundations of research.* Cambridge, MA: MIT Press.

Anderson, J. R. (1976). *Language, thought, and memory.* Hillsdale, NJ: Erlbaum.

Anderson, J. R. (1983). *The architecture of cognition.* Cambridge, MA: Harvard University Press.

Anderson, J. R. (1993). *Rules of the mind.* Hillsdale, NJ: Erlbaum.

Anderson, J. R. (1995). *Cognitive psychology and its implications* (4th ed.). New York: Freeman.

Anderson, J. R., & Bower, G. H. (1973). *Human associative memory.* Washington, DC: Winston.

Asplin, K., & Marcus, G. F. (1999). Categorization in children and neural networks. Poster presented at the meeting of the Society for Research in Child Development, Albuquerque, New Mexico, April 15–18.

Balaban, E. (1997). Changes in multiple brain regions underlie species differences in a complex congenital behavior. *Proceedings of the National Academy of Science, USA, 94*, 2001–2006.

Balaban, E., Teillet, M.-A., & LeDouarin, N. (1988). Application of the quail-chick chimera system to the study of brain development and behavior. *Science, 241*, 1339–1342.

Barnden, J. A. (1992a). Connectionism, generalization, and propositional attitudes: A catalogue of challenging issues. In J. Dinsmore (Ed.), *The symbolic and connectionist paradigms: Closing the gap* (pp. 149–178). Hillsdale, NJ: Erlbaum.

Barnden, J. A. (1992b). On using analogy to reconcile connections and symbols. In D. S. L. M. Aparicio (Ed.), *Neural networks for knowledge representation and inference* (pp. 27–64). Hillsdale, NJ: Erlbaum.

Barnden, J. A. (1993). Time phases, pointers, rules, and embedding. *Behavioral and Brain Sciences, 16*, 451–452.

Barnden, J. A. (1997). Semantic networks: Visualizations of knowledge. *Trends in Cognitive Sciences, 1*(5), 169–175.

Barsalou, L. W. (1983). Ad hoc categories. *Memory and Cognition, 11*, 211–227.

Barsalou, L. W. (1992). Frames, concepts, and conceptual fields. In E. Kittay & A. Lehrer

(Eds.), *Frames, fields, and contrasts: New essays in semantic and lexical organization* (pp. 21–74). Hillsdale, NJ: Erlbaum.

Barsalou, L. W. (1993). Flexibility, structure, and linguistic vagary in concepts: Manifestations of a compositional system of perceptual symbols. In A. C. Collins, S. E. Gathercole & M. A. Conway (Eds.), *Theories of memories* (pp. 29–101). London: Erlbaum.

Barsalou, L. W., Huttenlocher, J., & Lamberts, K. (1998). Basing categorization on individuals and events. *Cognitive Psychology, 36,* 203–272.

Barto, A. G. (1992). Reinforcement learning and adaptive critic methods. In D. A. White & D. A. Sofge (Eds.), *Handbook of intelligent control* (pp. 469–491). New York: Van Nostrand-Reinhold.

Bates, E. A., & Elman, J. L. (1993). Connectionism and the study of change. In M. H. Johnson (Ed.), *Brain development and cognition*. Cambridge, MA: Basil Blackwell.

Bechtel, W. (1994). Natural deduction in connectionist systems. *Synthese, 101,* 433–463.

Bechtel, W., & Abrahamsen, A. (1991). *Connectionism and mind: An introduction to parallel processing in networks*. Cambridge, MA: Basil Blackwell.

Berent, I., Everett, D. L., & Shimron, J. (2000). Identity constraints in natural language: Rule learning is not limited to artificial language. *Cognitive Psychology*.

Berent, I., Pinker, S., & Shimron, J. (1999). Default nominal inflection in Hebrew: Evidence for mental variables. *Cognition, 72*(1), 1–44.

Berent, I., & Shimron, J. (1997). The representation of Hebrew words: Evidence from the obligatory contour principle. *Cognition, 64,* 39–72.

Berko, J. (1958). The child's learning of English morphology. *Word, 14,* 150–177.

Bickerton, D. (1990). *Language and species*. Chicago: University of Chicago Press.

Black, I. (1995). Trophic interactions and brain plasticity. In M. S. Gazzaniga (Ed.), *The cognitive neurosciences* (pp. 9–17). Cambridge, MA: MIT Press.

Bloom, P. (1990). Syntactic distinctions in child language. *Journal of Child Language, 17,* 343–355.

Bloom, P. (1996). Possible individuals in language and cognition. *Current Directions in Psychological Science, 5,* 90–94.

Bower, T. G. R. (1974). *Development in infancy*. San Francisco: Freeman.

Bransford, J. D., & Franks, J. J. (1971). The abstraction of linguistic ideas. *Cognitive Psychology, 2,* 331–380.

Bullinaria, J. A. (1994). Learning the past tense of English verbs: Connectionism fights back. Unpublished manuscript.

Calvin, W. (1996). *The cerebral code*. Cambridge, MA: MIT Press.

Carey, S. (1985). Constraints on semantic development. In J. Mehler & R. Fox (Eds.), *Neonate cognition: Beyond the blooming buzzing confusion*. Hillsdale, NJ: Erlbaum.

Carpenter, G., & Grossberg, S. (1993). Normal and amnesiclearning, recognition, and memory by a neural model of cortico-hippocampal interactions. *Trends in Neurosciences, 16,* 131–137.

Carter, D. S. (1981). *Complex avian song repertoires: Songs of the mockingbird*. Riverside, CA: University of California Press.

Chalmers, D. J. (1990). Syntactic transformations on distributed representations. *Connection Science, 2,* 53–62.

Cheney, D. L., & Seyfarth, R. M. (1990). *How monkeys see the world: Inside the mind of another species*. Chicago: University of Chicago Press.

Chierchia, G. (1998). Reference to kinds across languages. *Natural Language Semantics, 6,* 339–405.

Chierchia, G., & McConnell-Ginet, S. (1990). *Meaning and grammar: An introduction to semantics*. Cambridge, MA: MIT Press.

Chomsky, N. A. (1957). *Syntactic structures.* The Hague: Mouton.

Chomsky, N. A. (1965). *Aspects of a theory of syntax.* Cambridge, MA: MIT Press.

Chomsky, N. A. (1981). *Lecture in government and binding.* Dordrecht, The Netherlands: Foris.

Chomsky, N. A. (1995). *The minimalist program.* Cambridge, MA: MIT Press.

Chomsky, N. A., & Halle, M. (1968). *The sound pattern of English.* Cambridge, MA: MIT Press.

Christiansen, M. H., & Curtin, S. L. (1999). The power of statistical learning: No need for algebraic rules. In M. Hahn & S. C. Stoness (Eds.), *Proceedings of the twenty-first Annual Conference of the Cognitive Science Society* (pp. 114–119). Mahwah, NJ: Erlbaum.

Churchland, P. M. (1986). Some reductive strategies in cognitive neurobiology. *Mind, 95,* 279–309.

Churchland, P. M. (1990). Cognitive activity in artificial neural networks. In D. N. Osherson & E. E. Smith (Eds.), *An invitation to cognitive science, Vol. 3, Thinking.* Cambridge, MA: MIT Press.

Churchland, P. M. (1995). *The engine of reason, the seat of the soul: A philosophical journey into the brain.* Cambridge, MA: MIT Press.

Clahsen, H. (1999). The dual nature of the language faculty: A case study of German inflection. *Behavioral and Brain Sciences, 22,* 991–1013.

Cleeremans, A., Servan-Schrieber, D., & McClelland, J. (1989). Finite state automata and simple recurrent networks. *Neural Computation, 1,* 372–381.

Collins, A. M., & Quillian, M. R. (1970). Facilitating retrieval from semantic memory: The effect of repeating part of an inference. In A. F. Sanders (Ed.), *Attention and Performance III* (pp. 303–314). Amsterdam: North Holland.

Conrad, C. (1972). Cognitive economy in semantic memory. *Journal of Experimental Psychology, 92,* 149–154.

Cosmides, L., & Tooby, J. (1992). Cognitive adaptations for social exchange. In J. Barkow, J. Tooby & L. Cosmides (Eds.), *The adapted mind: Evolutionary psychology and the generation of culture.* New York: Oxford University Press.

Cottrell, G. W., & Plunkett, K. (1994). Acquiring the mapping from meaning to sounds. *Connection Science, 6,* 379–412.

Crain, S. (1991). Language acquisition in the absence of experience. *Behavioral and Brain Sciences, 14,* 597–650.

Crair, M. C., Gillespie, D. C., & Stryker, M. P. (1998). The role of visual experience in the development of columns in cat visual cortex. *Science, 279* (5350), 566–570.

Crick, F. (1988). *What mad pursuit.* New York: Basic Books.

Crick, F., & Asunama, C. (1986). Certain aspects of anatomy and physiology of the cerebral cortex. In J. L. McClelland, D. E. Rumelhart & the PDP Research Group (Eds.), *Parallel distributed processing: Explorations in the microstructure of cognition. Vol. 2; Psychological and biological models* (pp. 333–371). Cambridge, MA: MIT Press.

Crowley, J. C., & Katz, L. C. (1999). Development of ocular dominance columns in the absence of retinal input. *Nature Neuroscience, 2*(12), 1125–1130.

Cruz, Y. P. (1997). Mammals. In S. F. Gilbert & A. M. Raunio (Eds.), *Embryology: Constructing the organism* (pp. 459–489). Sunderland, MA: Sinauer.

Darwin, C. (1859). *On the origin of species.* Cambridge, MA: Harvard University Press, 1964 (reprint).

Daugherty, K., & Hare, M. (1993). What's in a rule? The past tense by some other name might be called a connectionist net. In M. C. Mozer, P. Smolensky, D. S. Touretzky, J. L. Elman & A. S. Wiegend (Eds.), *Proceedings of the 1993 connectionist models summer school* (pp. 149–156). Hillsdale, NJ: Erlbaum.

Daugherty, K., & Seidenberg, M. (1992). Rules or connections? The past tense revisited.

Proceedings of the fourteenth annual meeting of the Cognitive Science Society (pp. 149–156). Hillsdale, NJ: Erlbaum.

Daugherty, K. G., MacDonald, M. C., Petersen, A. S., & Seidenberg, M. S. (1993). Why no mere mortal has ever flown out to center field but people often say they do. *Proceedings of the fifteenth annual conference of the Cognitive Science Society* (pp. 383–388). Hillsdale, NJ: Erlbaum.

Dawkins, R. (1987). *The blind watchmaker.* New York: Norton.

de Waal, F. B. M. (1982). *Chimpanzee politics.* London: Cape.

de Waal, F. B. M. (1997). The chimpanzee's service economy: Food for grooming. *Evolution and Human Behavior, 18,* 375–386.

Dennett, D. C. (1995). *Darwin's dangerous idea: Evolution and the meanings of life.* New York: Simon & Schuster.

Dickinson, J. A., & Dyer, F. C. (1996). How insects learn about the sun's course: Alternative modeling approaches. In P. Maes, M. J. Mataric, J.-A. Meyer, J. Pollack & S. W. Wilson (Eds.), *From animals to animats 4* (pp. 193–203). Cambridge, MA: MIT Press.

Dominey, P. F., & Ramus, F. (2000). Neural network processing of natural language: I. Sensitivity to serial, temporal, and abstract structure of language in the infant. *Language and Cognitive Processes, 15,* 87–127.

Doughty, R. W. (1988). *The mockingbird.* Austin: University of Texas Press.

Dretske, F. (1981). *Knowledge and the flow of information.* Cambridge, MA: MIT Press.

Dror, I., & Gallogly, D. P. (1999). Computational analyses in cognitive neuroscience: In defense of biological implausibility. *Psychonomic Bulletin and Review, 6,* 173–182.

Edelman, G. M. (1988). *Topobiology: An introduction to molecular embryology.* New York: Basic Books.

Egedi, D. M., & Sproat, R. W. (1991). Connectionist networks and natural language morphology. Unpublished manuscript, AT&T Bell Laboratories, Linguistics Research Department, Murray Hill, NJ.

Elman, J. L. (1988). *Finding structure in time.* San Diego: Center for Research in Language, Technical Report 8801, University of California.

Elman, J. L. (1990). Finding structure in time. *Cognitive Science, 14,* 179–211.

Elman, J. L. (1991). Distributed representations, simple recurrent networks, and grammatical structure. *Machine Learning, 7,* 195–224.

Elman, J. L. (1993). Learning and development in neural networks: The importance of starting small. *Cognition, 48,* 71–99.

Elman, J. L. (1995). Language as a dynamical system. In R. F. Port & T. V. Gelder (Eds.), *Mind as motion: Explorations in the dynamics of cognition* (pp. 195–223). Cambridge, MA: MIT Press.

Elman, J. L. (1998). Generalization, simple recurrent networks, and the emergence of structure. In M. A. Gernsbacher & S. J. Derry (Eds.), *Proceedings of the twentieth annual conference of the Cognitive Science Society.* Mahwah, NJ: Erlbaum.

Elman, J. L., Bates, E., Johnson, M. H., Karmiloff-Smith, A., Parisi, D., & Plunkett, K. (1996). *Rethinking innateness: A connectionist perspective on development.* Cambridge, MA: MIT Press.

Eriksson, P. S., Perfilieva, E., Björk-Eriksson, T., Alborn, A.-M., Nordborg, C., Peterson, D. A., & Gage, F. H. (1998). Neurogenesis in the adult human hippocampus. *Nature Medicine, 4,* 1313–1317.

Fahlman, S. E. (1979). *NETL: A system for representing and using real-word knowledge.* Cambridge, MA: MIT Press.

Fahlman, S. E., & Lebiere, C. (1990). The cascade-correlation learning architecture. In D. S. Touretzky (Ed.), *Advances in neural information processing systems 2* (pp. 38–51). Los Angeles: Morgan Kaufmann.

Falkenhainer, B., Forbus, K. D., & Gentner, D. (1989). The structure-mapping engine: Algorithm and examples. *Artificial Intelligence, 41*, 1–63.

Feldman, J. A., & Ballard, D. H. (1982). Connectionist models and their properties. *Cognitive Science, 6*, 205–254.

Fodor, J. A. (1975). *The language of thought.* New York: Crowell.

Fodor, J. A. (1994). *The elm and the expert.* Cambridge, MA: MIT Press.

Fodor, J. A., & Pylyshyn, Z. (1988). Connectionism and cognitive architecture: A critical analysis. *Cognition, 28*, 3–71.

Forrester, N., & Plunkett, K. (1994). The inflectional morphology of the Arabic broken plural: A connectionist account. *Proceedings of the sixteenth annual conference of the Cognitive Science Society.* Hillsdale, NJ: Erlbaum.

Funashi, S. M., Chafee, M. V., & Goldman-Rakic, P. S. (1993). Prefrontal neuronal activity in rhesus monkeys performing a delayed anti-saccade task. *Nature, 365*, 753–756.

Gallistel, C. R. (1990). *The organization of learning.* Cambridge, MA: MIT Press.

Gallistel, C. R. (1994). Foraging for brain stimulation: Toward a neurobiology of computation. *Cognition, 50*, 151–170.

Gaskell, M. G. (1996). Parallel activation of distributed concepts: Who put the P in the PDP? In G. W. Cottrell (Ed.), *Proceedings of the eighteenth annual conference of the Cognitive Science Society.* Hillsdale, NJ: Erlbaum.

Gasser, M., & Colunga, E. (1999). Babies, variables, and connectionist networks. In M. Hahn & S. C. Stoness (Eds.), *Proceedings of the twenty-first annual conference of the Cognitive Science Society* (p. 794). Mahwah, NJ: Erlbaum.

Gazdar, G., Klein, E., Pullum, G. K., & Sag, I. A. (1995). *Generalized phrase structure grammar.* Cambridge, MA: Harvard University Press.

Geach, P. T. (1957). *Mental acts.* London: Routledge & Paul.

Gehring, W. J. (1998). *Master control genes in development and evolution: The homeobox story.* New Haven: Yale University Press.

Gelman, R., & Gallistel, C. R. (1978). *The child's understanding of number.* Cambridge, MA: MIT Press.

Gelman, S. A., & Taylor, M. (1984). How two-year-old children interpret proper and common names for unfamiliar objects. *Child Development, 55*, 1535–1540.

Gerhart, J., & Kirschner, M. (1997). *Cells, embryos, and evolution.* Cambridge, MA: Blackwell.

Ghahramani, Z., Wolpert, D. M., & Jordan, M. I. (1996). Generalization to local remappings of the visuomotor coordinate transformation. *Journal of Neuroscience, 16*, 7085–7096.

Ghomeshi, J., Jackendoff, R., Rosen, N., & Russell, K. (1999). Are you COPYING-copying or just repeating yourself? University of Manitoba Colloquium, November 26.

Gilbert, S. F. (1997). *Developmental biology* (5th ed.). Sunderland, MA: Sinauer.

Gluck, M. A. (1991). Stimulus generalization and representation in adaptive network models of category learning. *Psychological Science, 2*, 50–55.

Gluck, M. A., & Bower, G. H. (1988). Evaluating an adaptive network of human learning. *Journal of Memory and Language, 27*, 166–195.

Gödecke, I., & Bonhoeffer, T. (1996). Development of identical orientation maps for two eyes without common visual experience. *Nature, 379*, 251–254.

Goldman-Rakic, P. S., Bourgeois, J. P., & Rakic, P. (1997). Synaptic substrate of cognitive development. In N. A. Krasnegor, G. R. Lyon & P. S. Goldman-Rakic (Eds.), *Development of the prefrontal cortex: Evolution, neurobiology, and behavior* (pp. 27–47). Baltimore, MD: Brookes.

Goldrick, M., Hale, J., Mathis, D., & Smolensky, P. (1999). Realizing the dual route in a single route. Poster presented at the Cognitive Science Society Meeting, Vancouver, August 19–21.

Gomez, R. L., & Gerken, L.-A. (1999). Artificial grammar learning by one-year-olds leads to specific and abstract knowledge. *Cognition, 70*(1), 109–135.

Goodman, C. S., & Shatz, C. J. (1993). Developmental mechanisms that generate precise patterns of neuronal connectivity. *Cell, 72*, 77–98.

Gopnik, A., & Wellman, H. M. (1994). The theory theory. In L. Hirschfeld (Ed.), *Susan A. Gelman*. New York: Cambridge University Press.

Gordon, P. (1985a). Evaluating the semantic categories hypothesis: The case of the count/mass distinction. *Cognition, 21*, 73–93.

Gordon, P. (1985b). Level-ordering in lexical development. *Cognition, 21*, 73–93.

Gordon, P. (1993). One-two-many systems in Amazonia: Implications for number acquisition theory. Paper presented at the biennial meeting of the Society for Research in Child Development, New Orleans, LA, March 25–28.

Gould, E., Reeves, A. J., Graziano, M. S., & Gross, C. G. (1999). Neurogenesis in the neocortex of adult primates. *Science, 286*(5439), 548–552.

Gould, E., Tanapat, P., McEwen, B. S., Flügge, G., & Fuchs, E. (1998). Proliferation of granule cell precursors in the dentate gyrus of adult monkeys is diminished by stress. *Proceedings of the National Academy of Sciences, 95*, 3168–3171.

Gould, S. J. (1997). Evolution: The pleasures of pluralism. *New York Review of Books, 44*(11), 47–52.

Gupta, A. (1980). *The logic of common nouns: An investigation in quantified modal logic*. New Haven: Yale University Press.

Hadley, R. F. (1998). *Connectionism and novel combinations of skills: Implications for cognitive architecture*. Burnaby, BC, Canada: Simon Fraser University Press.

Hadley, R. L. (2000). Cognition and the computational power of connectionist networks. *Connection Science, 12*.

Halder, G., Callaerts, P., & Gehring, W. J. (1995). Induction of ectopic eyes by target expression of the *eyeless* gene in *Drosophila*. *Science, 267*, 1788–1792.

Hanggi, E. B., & Schusterman, R. J. (1990). Kin recognition in captive California sea lions (*Zalophus californianus*). *Journal of Comparative Psychology, 104*, 368–372.

Hare, M., & Elman, J. (1995). Learning and morphological change. *Cognition, 56*, 61–98.

Hare, M., Elman, J., & Daugherty, K. (1995). Default generalisation in connectionist networks. *Language and Cognitive Processes, 10*, 601–630.

Harpaz, Y. (1996). The neurons in the brain cannot implement symbolic systems. http://www.yehouda.com/brain-symbols.html.

Hauser, M. D. (1997). Artifactual kinds and functional design features: What a primate understands without language. *Cognition, 64*, 285–308.

Hauser, M. D., & Carey, S. (1998). Building a cognitive creature from a set of primitives. In D. D. Cummins & C. Allen (Eds.), *The evolution of mind* (pp. 51–106). Oxford: Oxford University Press.

Hauser, M. D., MacNeilage, P., & Ware, M. (1996). Numerical representations in primates. *Proceedings of the National Academy of Sciences, 93*, 1514–1517.

Hebb, D. O. (1949). *The organization of behavior: A neuropsychological theory*. New York: Wiley.

Heim, I., & Kratzer, A. (1998). *Semantics in generative grammar*. Malden, MA: Blackwell.

Herman, L. M., Pack, A. A., & Morrel-Samuels, P. (1993). Representational and conceptual skills of dolphins. In H. L. Roitblat, L. M. Herman & P. E. Nachtigall (Eds.), *Language and communication: Comparative perspectives* (pp. 403–442). Hillsdale, NJ: Erlbaum.

Herrnstein, R. J., Vaughan, W. J., Mumford, D. B., & Kosslyn, S. M. (1989). Teaching pigeons an abstract relational rule. *Perception and Psychophysics, 46*, 56–64.

Hinton, G. E. (1981). Implementing semantic networks in parallel hardware. In G. E.

Hinton & J. A. Anderson (Eds.), *Parallel models of associative memory* (pp. 161–188). Hillsdale, NJ: Erlbaum.

Hinton, G. E. (1986). Learning distributed representations of concepts. *Proceedings of the eighth annual conference of the Cognitive Science Society* (pp. 1–12). Hillsdale, NJ: Erlbaum.

Hinton, G. E. (1990). *Connectionist symbol processing.* Cambridge, MA: MIT Press.

Hinton, G. E., Dayan, P., Frey, B., & Neal, R. M. (1995). The wake-sleep algorithm for self-organizing neural networks. *Science, 268,* 1158–1160.

Hinton, G. E., McClelland, J. L., & Rumelhart, D. E. (1986). Distributed representations. In D. E. Rumelhart, J. L. McClelland & the PDP Research Group (Eds.), *Parallel distributed processing: Explorations in the microstructures of cognition.* Vol. 1, *Foundations.* Cambridge, MA: MIT Press.

Hirsch, E. (1982). *The concept of identity.* New York: Oxford University Press.

Hoeffner, J. (1992). Are rules a thing of the past? The acquisition of verbal morphology by an attractor network. *Proceedings of the fourteenth annual conference of the Cognitive Science Society* (pp. 861–866). Hillsdale, NJ: Erlbaum.

Holmes, T. C. (1998). Reciprocal modulation of ion channel-mediated electrical signaling and protein kinase signaling pathways. Unpublished manuscript, New York University.

Holyoak, K. (1991). Symbolic connectionism. In K. A. Ericsson & J. Smith (Eds.), *Toward a general theory of expertise.* Cambridge: Cambridge University Press.

Holyoak, K. J., & Hummel, J. E. (2000). The proper treatment of symbols in a connectionist architecture. In E. Deitrich & A. Markman (Eds.), *Cognitive dynamics: Conceptual change in humans and machines.* Mahwah, NJ: Erlbaum, pp. 229–263.

Hornik, K., Stinchcombe, M., & White, H. (1989). Multilayer feedforward networks are universal approximators. *Neural Networks, 2,* 359–366.

Horton, J. C., & Hocking, D. R. (1996). An adult-like pattern of ocular dominance columns in striate cortex of newborn monkeys prior to visual experience. *Journal of Neuroscience, 16,* 1791–1807.

Hubel, D. H. (1988). *Eye, brain, and vision.* New York: Scientific American Library.

Hübener, M., & Bonhoeffer, T. (1999). Eyes wide shut. *Nature Neuroscience, 2*(12), 1043–1045.

Hummel, J. E., & Biederman, I. (1992). Dynamic binding in a neural network for shape recognition. *Psychological Review, 99,* 480–517.

Hummel, J. E., & Holyoak, K. J. (1993). Distributing structure over time. *Brain and Behavioral Sciences, 16,* 464.

Hummel, J. E., & Holyoak, K. J. (1997). Distributed representations of structure: A theory of analogical access and mapping. *Psychological Review, 104,* 427–466.

Jackendoff, R. (1983). *Semantics and cognition.* Cambridge, MA: MIT Press.

Jackendoff, R., & Mataric, M. (1997). Short-term memory. Unpublished manuscript, Brandeis University.

Jacobs, R. A., Jordan, M. I., & Barto, A. (1991). Task decomposition through competition in a modular connectionist architecture: The what and where vision tasks. *Cognitive Science, 15,* 219–250.

Jaeger, J. J., Lockwood, A. H., Kemmerer, D. L., Valin, R. D. V., Murphy, B. W., & Khalak, H. G. (1996). A positron emission tomographic study of regular and irregular verb morphology in English. *Language, 72,* 451–497.

Johnson, M. J. (1997). *Developmental cognitive neuroscience.* Oxford: Basil Blackwell.

Johnson-Laird, P. N., Herrmann, D. J., & Chaffin, R. (1984). On connections. A critique of semantic networks. *Psychological Bulletin,* 292–315.

Jordan, M. I. (1986). Serial order: A parallel distributed processing approach. UCSD Tech Report 80604, Institute for Cognitive Science, University of California, San Diego.

Kamp, H., & Partee, B. (1995). Prototype theory and compositionality. *Cognition, 57,* 129–191.

Kastak, D., & Schusterman, R. J. (1994). Transfer of visual identity matching-to-sample in two California sea lions (*Zalophus californianus*). *Animal Learning and Behavior, 22*(5), 427–435.

Katz, L. C., & Shatz, C. J. (1996). Synaptic activity and the construction of cortical circuits. *Science, 274,* 1133–1138.

Katz, N., Baker, E., & Macnamara, J. (1974). What's in a name? A study of how children learn common and proper names. *Child Development, 45,* 469–473.

Keil, F. C. (1989). *Concepts, kinds, and cognitive development.* Cambridge, MA: MIT Press.

Kennedy, H., & Dehay, C. (1993). Cortical specification of mice and men. *Cerebral Cortex, 3*(3), 171–86.

Kim, J. J., Marcus, G. F., Pinker, S., Hollander, M., & Coppola, M. (1994). Sensitivity of children's inflection to grammatical structure. *Journal of Child Language, 21,* 173–209.

Kim, J. J., Pinker, S., Prince, A., & Prasada, S. (1991). Why no mere mortal has ever flown out to center field. *Cognitive Science, 15,* 173–218.

Kirsh, D. (1987). Putting a price on cognition. *Southern Journal of Philosophy, 26 (suppl.),* 119–135. Reprinted in T. Horgan & J. Tienson (Eds.), 1991, *Connectionism and the philosophy of mind.* Dordrecht: Kluwer.

Kolen, J. F., & Goel, A. K. (1991). Learning in parallel distributed processing networks: Computational complexity and information content. *IEEE Transactions on Systems, Man, and Cybernetics, 21,* 359–367.

Konen, W., & von der Malsburg, C. (1993). Learning to generalize from single examples in the dynamic link architecture. *Neural Computation, 5,* 719–735.

Kosslyn, S. M. (1994). *Image and brain: The resolution of the imagery debate.* Cambridge, MA: MIT Press.

Kosslyn, S. M., & Hatfield, G. (1984). Representation without symbol systems. *Social Research, 51,* 1019–1054.

Kosslyn, S. M., Pascual-Leone, A., Felician, O., Camposano, S., Keenan, J. P., Thompson, W. L., Ganis, G., Sukel, K. E., & Alpert, N. M. (1999). The role of area 17 in visual imagery: Convergent evidence from PET and rTMS. *Science, 284*(5411), 167–170.

Kripke, S. (1972). *Naming and necessity.* Cambridge, MA: Harvard University Press.

Kroodsma, D. E. (1976). Reproductive development in a female songbird: Differential stimulation by quality of male song. *Science, 574*–575.

Kruuk, H. (1972). *The spotted hyena: A study of predation and social behavior.* Chicago: University of Chicago Press.

Kuehne, S. E., Gentner, D., & Forbus, K. D. (1999). Modeling rule learning by seven-month-old infants: A symbolic approach. Manuscript in preparation, Northwestern University.

Lange, T. E., & Dyer, M. G. (1996). Parallel reasoning in structured connectionist networks: Signatures versus temporal synchrony. *Behavioral and Brain Sciences, 19,* 328–331.

Lashley, K. S. (1951). The problem of serial order in behavior. In L. A. Jeffress (Ed.), *Cerebral mechanisms in behavior.* New York: Wiley.

Lebière, C., & Anderson, J. R. (1993). A connectionist implementation of the ACT-R production system. *Proceedings of the fifteenth annual conference of the Cognitive Science Society* (pp. 635–640). Hillsdale, NJ: Lawrence Erlbaum.

Lecanuet, J.-P., Granier-Deferre, C., Jacquest, A.-Y., Capponi, I., & Ledru, L. (1993). Prenatal discrimination of a male and female voice uttering the same sentence. *Early development and parenting, 2,* 212–228.

Lee, D. D., & Seung, H. S. (1999). Learning the parts of objects by non-negative matrix factorization. *Nature, 401*(6755), 788–791.

Lettvin, J., Maturana, H., McCulloch, W., & Pitts, W. (1959). What the frog's eye tells the frog's brain. *Proceedings of the IRE, 47*, 1940–1959.

Li, D. Y., Sorensen, L. K., Brooke, B. S., Urness, L. D., Davis, E. C., Taylor, D. G., Boak, B. B., & Wendel, D. P. (1999). Defective angiogenesis in mice lacking endoglin. *Science, 284*(5419), 1534–1537.

Lieberman, P. (1984). *The biology and evolution of language.* Cambridge, MA: Harvard University Press.

Liitschwager, J. C., & Markman, E. M. (1993). Young children's understanding of proper nouns versus common nouns. Paper presented at the Biennial Meeting of the Society for Research in Child Development, New Orleans, LA, March 25–28.

Lindauer, M. (1959). Angeborene und erlente Komponenten in der Sonnesorientierung der Bienen. *Zeitschrift für vergleichende Physiologie, 42*, 43–63.

Love, B. C. (1999). Utilizing time: Asynchronous binding. In M. S. Kearns, S. A. Solla & D. A. Cohn (Eds.), *Advances in Neural Information Processing,* Vol. 11 (pp. 38–44). Cambridge, MA: MIT Press.

Luger, G. F., Bower, T. G. R., & Wishart, J. G. (1983). A model of the development of the early infant object concept. *Perception, 12*, 21–34.

Macnamara, J. (1986). *A border dispute: The place of logic in psychology.* Cambridge, MA: MIT Press.

MacWhinney, B., & Leinbach, J. (1991). Implementations are not conceptualizations: Revising the verb learning model. *Cognition, 40*, 121–157.

Mani, D. R., & Shastri, L. (1993). Reflexive reasoning with multiple-instantiation in a connectionist reasoning system. *Connectionist Science, 5*, 205–242.

Marcus, G. F. (1995). The acquisition of inflection in children and multilayered connectionist networks. *Cognition, 56*, 271–279.

Marcus, G. F. (1996a). The development and representation of object permanence: Lessons from connectionism. Unpublished manuscript, University of Massachusetts.

Marcus, G. F. (1996b). Why do children say "breaked"? *Current Directions in Psychological Science, 5*, 81–85.

Marcus, G. F. (1998a). Can connectionism save constructivism? *Cognition, 66*, 153–182.

Marcus, G. F. (1998b). Categories, features, and variables. Unpublished manuscript, New York University.

Marcus, G. F. (1998c). Rethinking eliminative connectionism. *Cognitive Psychology, 37*(3), 243–282.

Marcus, G. F. (1999). Do infants learn grammar with algebra or statistics? Response to Seidenberg & Elman, Eimas, and Negishi. *Science, 284*, 436–437.

Marcus, G. F. (2000). Children's overregularization and its implications for cognition. In P. Broeder & J. Murre (Eds.), *Cognitive models of language acquisition* (pp. 154–176). New York: Oxford University Press.

Marcus, G. F., & Bandi Rao, S. (1999). Rule-learning in infants? A challenge from connectionism. Paper presented at the twenty-fourth annual Boston University Conference on Language Development, Boston, MA, November 5–7.

Marcus, G. F., Brinkmann, U., Clahsen, H., Wiese, R., & Pinker, S. (1995). German inflection: The exception that proves the rule. *Cognitive Psychology, 29*, 186–256.

Marcus, G. F., & Halberda, J. (in preparation). How to build a connectionist model of default inflection.

Marcus, G. F., Pinker, S., & Larkey, L. (1995). Using high-density spontaneous speech to study the acquisition of tense marking. Poster presented at the meeting of the Society for Research in Child Development, Indianapolis, IN, March 30–April 2.

Marcus, G. F., Pinker, S., Ullman, M., Hollander, J. M., Rosen, T. J., & Xu, F. (1992). Over-regularization in language acquisition. *Monographs of the Society for Research in Child Development, 57*(4, Serial No. 228).

Marcus, G. F., Vijayan, S., Bandi Rao, S., & Vishton, P. M. (1999). Rule learning in seven-month-old infants. *Science, 283,* 77–80.

Mareschal, D., Plunkett, K., & Harris, P. (1995). Developing object permanence: A connectionist model. In J. D. Moore & J. F. Lehman (Eds.), *Proceedings of the seventeenth annual conference of the Cognitive Science Society* (pp. 170–175). Mahwah, NJ: Erlbaum.

Mareschal, D., & Shultz, T. R. (1993). A connectionist model of the development of seriation, *Proceedings of the fifteenth annual conference of the Cognitive Science Society* (pp. 676–681): Hillsdale, NJ: Lawrence Erlbaum.

Mareschal, D., & Shultz, T. R. (1996). Generative connectionist networks and constructivist cognitive development. *Cognitive Development, 11*(4), 571–605.

Marslen-Wilson, W. D., & Tyler, L. K. (1997). Dissociating types of mental computation. *Nature, 387,* 592–592.

Mayr, E. (1982). *The growth of biological thought.* Cambridge, MA: MIT Press.

McAllister, A. K., Katz, L. C., & Lo, D. C. (1999). Neurotrophins and synaptic plasticity. *Annual Review of Neuroscience, 22,* 295–318.

McClelland, J. L. (1988). Connectionist models and psychological evidence. *Journal of Memory and Language, 27,* 107–123.

McClelland, J. L. (1989). Parallel distributed processing: Implications for cognition and development. In R. G. M. Morris (Ed.), *Parallel distributed processing: Implications for psychology and neurobiology* (pp. 9–45). Oxford: Oxford University Press.

McClelland, J. L. (1995). Toward a pragmatic connectionism (interview). In P. Baumgartner & S. Payr (Eds.), *Interviews with twenty eminent cognitive scientists.* Princeton, NJ: Princeton University Press.

McClelland, J. L., McNaughton, B. L., & O'Reilly, R. C. (1995). Why there are complementary learning systems in the hippocampus and neocortex: Insights from the successes and failures of connectionist models of learning and memory. *Psychological Review, 102,* 419–457.

McClelland, J. L., & Rumelhart, D. E. (1986). A distributed model of human learning and memory. In J. L. McClelland, D. E. Rumelhart & the PDP Research Group (Eds.), *Parallel distributed processing: Explorations in the microstructures of cognition.* Vol. 2, *Psychological and biological models* (pp. 170–215). Cambridge, MA: MIT Press.

McClelland, J. L., Rumelhart, D. E., & Hinton, G. E. (1986). The appeal of parallel distributed processing. In D. E. Rumelhart, J. L. McClelland & the PDP Research Group (Eds.), *Parallel distributed processing: Explorations in the microstructures of cognition.* Vol. 1, *Foundations* (pp. 365–422). Cambridge, MA: MIT Press.

McClelland, J. L., Rumelhart, D. E., & the PDP Research Group (1986). *Parallel distributed processing: Explorations in the microstructures of cognition.* Vol. 1, *Foundations.* Cambridge, MA: MIT Press.

McCloskey, M. (1991). Networks and theories: The place of connectionism in cognitive science. *Psychological Science, 2,* 387–395.

McCloskey, M., & Cohen, N. J. (1989). Catastrophic interference in connectionist networks: The sequential learning problem. In G. H. Bower (Ed.), *The psychology of learning and motivation: Advances in research and theory, 24* (pp. 109–165). San Diego: Academic Press.

McCulloch, W. S., & Pitts, W. (1943). A logical calculus of the ideas immanent in nervous activity. *Bulletin of mathematical biophysics, 5,* 115–133.

Mehler, J., Jusczyk, P. W., Lambertz, C., Halsted, N., Bertoncini, J., & Amiel-Tison, C. (1988). A precursor of language acquisition in young infants. *Cognition, 29,* 143–178.

Michotte, A. (1963). *The perception of causality.* New York: Basic Books.

Miikkulainen, R. (1993). *Subsymbolic natural language processing.* Cambridge, MA: MIT Press.

Minsky, M. L. (1986). *The society of mind.* New York: Simon and Schuster.

Minsky, M. L., & Papert, S. A. (1969). *Perceptrons.* Cambridge, MA: MIT Press.

Minsky, M. L., & Papert, S. A. (1988). *Perceptrons* (2nd ed.). Cambridge, MA: MIT Press.

Mithen, S. J. (1996). *The prehistory of the mind: A search for the origins of art, religion, and science.* London: Thames and Hudson.

Munakata, Y., McClelland, J. L., Johnson, M. H., & Siegler, R. S. (1997). Rethinking infant knowledge: Toward an adaptive process account of successes and failures in object permanence tasks. *Psychological Review, 10*(4), 686–713.

Nakisa, R., & Hahn, U. (1996). When defaults don't help: The case of the German plural system. In G. W. Cottrell (Ed.), *Proceedings of the eighteenth annual conference of the Cognitive Science Society.* Hillsdale, NJ: Erlbaum.

Nakisa, R. C., & Plunkett, K. (1997). Evolution of a rapidly learned representation for speech. *Language and Cognitive Processes, 13,* 105–127.

Nakisa, R. C., Plunkett, K., & Hahn, U. (2000). Single and dual route models of inflectional morphology. In P. Broeder & J. Murre (Eds.), *Cognitive models of language acquisition: Inductive and deductive approaches* (pp. 201–202). New York: Oxford University Press.

Negishi, M. (1999). Do infants learn grammar with algebra or statistics? *Science, 284,* 435.

Newell, A. (1980). Physical symbol systems. *Cognitive Science* (4), 135–183.

Newell, A. (1990). *Unified theories of cognition.* Cambridge, MA: Harvard University Press.

Newell, A., & Simon, H. A. (1975). Computer science as empirical inquiry: Symbols and search. *Communications of the Association for Computing Machinery, 19,* 113–136.

Niklasson, L. F., & Gelder, T. V. (1994). On being systematically connectionist. *Mind and Language, 9,* 288–302.

Nolfi, S., Elman, J. L., & Parisi, D. (1994). Learning and evolution in neural networks. *Adaptive Behavior, 3,* 25–28.

Norman, D. (1986). Reflections on cognition and parallel distributed processing. In J. L. McClelland, D. E. Rumelhart & the PDP Research Group (Eds.), *Parallel distributed processing: Explorations in the microstructures of cognition.* Vol. 2, *Psychological and biological models.* Cambridge, MA: MIT Press.

O'Leary, D. D., & Stanfield, B. B. (1989). Selective elimination of axons extended by developing cortical neurons is dependent on regional locale: Experiments using fetal cortical transplants. *Journal of Neuroscience, 9,* 2230–2246.

O'Reilly, R. (1996). The LEABRA model of neural interactions and learning in the neocortex. Doctoral dissertation, Carnegie-Mellon University.

Partee, B. H. (1976). *Montague grammar.* New York: Academic Press.

Pendlebury, D. A. (1996). Which psychology papers, places, and people have made a mark. *APS Observer, 9,* 14–18.

Pepperberg, I. M. (1987). Acquisition of the same/different concept by an African Grey parrot (*Psittacus erithacus*): Learning with respect to categories of color, shape, and material. *Animal Learning and Behavior, 15,* 421–432.

Pinker, S. (1979). Formal models of language learning. *Cognition, 7(3),* 217–283.

Pinker, S. (1984). *Language learnability and language development.* Cambridge, MA: Harvard University Press.

Pinker, S. (1991). Rules of language. *Science, 253,* 530–555.

Pinker, S. (1994). *The language instinct.* New York: Morrow.

Pinker, S. (1995). Why the child holded the baby rabbits: A case study in language acquisition. In L. R. Gleitman & M. Liberman (Eds.), *An invitation to cognitive science: Language* (2nd ed.). Cambridge, MA: MIT Press.

Pinker, S. (1997). *How the mind works.* New York: Norton.

Pinker, S. (1999). *Words and rules: The ingredients of language.* New York: Basic Books.

Pinker, S., & Bloom, P. (1990). Natural language and natural selection. *Behavioral and Brain Sciences, 13,* 707–784.

Pinker, S., & Mehler, J. (1988). *Connections and symbols.* Cambridge, MA: MIT Press.

Pinker, S., & Prince, A. (1988). On language and connectionism: Analysis of a parallel distributed processing model of language acquisition. *Cognition, 28,* 73–193.

Plate, T. (1994). Distributed representations and nested compositional structure. Doctoral dissertation, University of Toronto.

Plunkett, K., & Juola, P. (1999). A connectionist model of English past tense and plural morphology. *Cognitive Science, 23,* 463–490.

Plunkett, K., & Marchman, V. (1991). U-shaped learning and frequency effects in a multilayered perceptron: Implications for child language acquisition. *Cognition, 38,* 43–102.

Plunkett, K., & Marchman, V. (1993). From rote learning to system building: Acquiring verb morphology in children and connectionist nets. *Cognition, 48,* 21–69.

Plunkett, K., & Nakisa, R. C. (1997). A connectionist model of the Arabic plural system. *Language and Cognitive Processes, 12,* 807–836.

Plunkett, K., Sinha, C., Møller, M. F., & Strandsby, O. (1992). Symbol grounding or the emergence of symbols? Vocabulary growth in children and a connectionist net. *Connection Science, 4,* 293–312.

Pollack, J. B. (1987). On connectionist models of natural language understanding. Doctoral dissertation, University of Illinois.

Pollack, J. B. (1990). Recursive distributed representations. *Artificial Intelligence, 46,* 77–105.

Popper, K. R. (1959). *The logic of scientific discovery.* New York: Basic Books.

Prasada, S. (2000). Acquiring generic knowledge. *Trends in Cognitive Sciences, 4,* 66–72.

Prasada, S., & Pinker, S. (1993). Similarity-based and rule-based generalizations in inflectional morphology. *Language and Cognitive Processes, 8,* 1–56.

Prazdny, S. (1980). A computational study of a period of infant object-concept development. *Perception, 9,* 125–150.

Prince, A., & Smolensky, P. (1997). Optimality: From neural networks to universal grammar. *Science, 275,* 1604–1610.

Purves, D. (1994). *Neural activity and the growth of the brain.* Cambridge: Cambridge University Press.

Putnam, H. (1975). The meaning of "meaning." In K. Gunderson (Ed.), *Minnesota studies in the philosophy of science.* Vol. 7, *Language, mind, and knowledge* (pp. 131–193). Minneapolis: University of Minnesota Press.

Pylyshyn, Z. (1984). *Computation and cognition: Toward a foundation for cognitive science.* Cambridge, MA: MIT Press.

Pylyshyn, Z. (1994). Some primitive mechanisms of spatial attention. *Cognition, 50,* 363–384.

Pylyshyn, Z. W., & Storm, R. W. (1988). Tracking multiple independent targets: Evidence for a parallel tracking system. *Spatial Vision, 3,* 179–197.

Quinn, P. C., & Johnson, M. H. (1996). The emergence of perceptual category representations during early development: A connectionist analysis. In G. W. Cottrell (Ed.), *Proceedings of the eighteenth annual conference of the Cognitive Science Society.* Hillsdale, NJ: Erlbaum.

Ramsey, W., Stich, S., & Garon, J. (1990). Connectionism, eliminativism, and the future of folk psychology. In C. Macdonald & G. Macdonald (Eds.), *Connectionism: Debates on psychological explanation* (pp. 311–338). Cambridge, MA: Basil Blackwell.

Ratcliff, R. (1990). Connectionist models of recognition memory: Constraints imposed by learning and forgetting functions. *Psychological Review, 97,* 285–308.

Regolin, L., Vallortigara, G., & Zanforlin, M. (1995). Object and spatial representations in detour problems by chicks. *Animal Behavior, 49*, 195–199.

Rensberger, B. (1996). *Life itself: Exploring the realm of the living cell*. New York: Oxford University Press.

Richards, W. (1988). *Natural computation*. Cambridge, MA: MIT Press.

Riddle, D. L. (1997). *C. elegans II*. Plainview, NY: Cold Spring Harbor Laboratory Press.

Rosenbaum, D. A., Kenny, S., & Derr, M. A. (1983). Hierarchical control of rapid movement sequences. *Journal of Experimental Psychology: Human Perception and Performance, 9*, 86–102.

Rosenblatt, F. (1962). *Principles of neurodynamics*. New York: Spartan.

Rozin, P. (1976). The evolution of intelligence and access to the cognitive unconscious. In A. N. Epstein & J. M. Sprague (Eds.), *Progress in psychobiology and physiological psychology* (Vol. 6, pp. 245–280). New York: Academic Press.

Rumelhart, D. E., Hinton, G. E., & Williams, R. J. (1986). Learning representations by back-propagating errors. *Nature, 323*, 533–536.

Rumelhart, D. E., & McClelland, J. L. (1986a). On learning the past tenses of English verbs. In J. L. McClelland, D. E. Rumelhart & the PDP Research Group (Eds.), *Parallel distributed processing: Explorations in the microstructures of cognition*. Vol. 2, *Psychological and biological models*. Cambridge, MA: MIT Press.

Rumelhart, D. E., & McClelland, J. L. (1986b). PDP models and general issues in cognitive science. In D. E. Rumelhart, J. L. McClelland & the PDP Research Group (Eds.), *Parallel distributed processing: Explorations in the microstructures of cognition*. Vol. 1, *Foundations* (pp. 110–146). Cambridge, MA: MIT Press.

Rumelhart, D. E., McClelland, J. L., & the PDP Research Group (1986b). *Parallel distributed processing: Explorations in the microstructures of cognition*. Vol. 2, *Psychological and biological models*. Cambridge, MA: MIT Press.

Rumelhart, D. E., & Norman, D. A. (1988). Representation in memory. In R. C. Atkinson, R. J. Herrnstein, G. Lindzey & R. D. Luce (Eds.), *Stevens' handbook of experimental psychology*. New York: Wiley.

Rumelhart, D. E., & Todd, P. M. (1993). Learning and connectionist representations. In D. E. Meyer & S. Kornblum (Eds.), *Attention and performance XIV*. Cambridge, MA: MIT Press.

Saffran, J. R., Aslin, R. N., & Newport, E. L. (1996). Statistical learning by 8-month-old infants. *Science, 274*, 1926–1928.

Saffran, J. R., Johnson, E. K., Aslin, R. N., & Newport, E. L. (1999). Statistical learning of tone sequences by human infants and adults. *Cognition, 70*, 27–52.

Sampson, G. (1987). A turning point in linguistics. *Times Literary Supplement*, p. 643. June 12.

Savage-Rumbaugh, E. S., Murphy, J., Sevcik, R. A., Brakke, K. E., Williams, S. L., & Rumbaugh, D. M. (1993). Language comprehension in ape and child. *Monographs of the Society for Research in Child Development, 58*(3–4), 1–222.

Savage-Rumbaugh, E. S., Rumbaugh, D. M., & Smith, S. T., and Lawson, J. (1980). Reference: The linguistic essential. *Science, 210*, 922–925.

Schiffer, S. R. (1987). *Remnants of meaning*. Cambridge, MA: MIT Press.

Schneider, W. (1987). Connectionism: Is it a paradigm shift for psychology? *Behavior Research Methods, Instruments and Computers, 19*, 73–83.

Scholl, B. J., & Pylyshyn, Z. (1999). Tracking multiple items through occlusion: Clues to visual objecthood. *Cognitive Psychology, 38*, 259–290.

Scholl, B. J., Pylyshyn, Z. W., & Franconeri, S. (1999). *When are spatiotemporal and featural properties encoded as a result of attentional allocation?* Ft. Lauderdale, FL: Association for Research in Vision and Ophthalmology.

Schusterman, R. J., & Kastak, D. (1998). Functional equivalence in a California sea lion: Relevance to animal social and communicative interactions. *Animal Behavior, 55*(5), 1087–1095.

Schwartz, S. P. (1977). *Naming, necessity, and natural kinds.* Ithaca, NY: Cornell University Press.

Schyns, P. G. (1991). A modular neural network model of concept acquisition. *Cognitive Science, 15,* 461–508.

Searle, J. R. (1992). *The rediscovery of the mind.* Cambridge, MA: MIT Press.

Seidenberg, M. S. (1997). Language acquisition and use: Learning and applying probabilistic constraints. *Science, 275,* 1599–1603.

Seidenberg, M. S., & Elman, J. L. (1999a). Do infants learn grammar with algebra or statistics? *Science, 284,* 435–436.

Seidenberg, M. S., & Elman, J. L. (1999b). Networks are not "hidden rules." *Trends in Cognitive Sciences, 3,* 288–289.

Seidenberg, M. S., & McClelland, J. L. (1989). A distributed, developmental model of word recognition and naming. *Psychological Review, 96,* 523–568.

Seyfarth, R. M., & Cheney, D. L. (1993). Meaning, reference, and intentionality in the natural vocalizations of monkeys. In H. L. Roitblat, L. M. Herman & P. E. Nachtigall (Eds.), *Language and communication: Comparative perspectives* (pp. 195–219). Hillsdale, NJ: Erlbaum.

Shastri, L. (1999). Infants learning algebraic rules. *Science, 285,* 1673–1674.

Shastri, L., & Ajjanagadde, V. (1993). From simple associations to systematic reasoning: A connectionist representation of rules, variables, and dynamic bindings using temporal synchrony. *Behavioral and Brain Sciences, 16,* 417–494.

Shastri, L., & Chang, S. (1999). A connectionist recreation of rule-learning in infants. Submitted manuscript, University of California, Berkeley.

Sherman, P. W., Reeve, H. K., & Pfennig, D. W. (1997). Recognition Systems. In J. R. Krebs & N. B. Davies (Eds.), *Behavioural ecology: An evolutionary approach* (pp. 69–96). Cambridge, MA: Blackwell.

Shultz, T. R. (1999). Rule learning by habituation can be simulated in neural networks. In M. Hahn & S. C. Stoness (Eds.), *Proceedings of the twenty-first annual conference of the Cognitive Science Society* (pp. 665–670). Mahwah, NJ: Erlbaum.

Shultz, T. R., Mareschal, D., & Schmidt, W. C. (1994). Modeling cognitive development on balance scale phenomena. *Machine Learning, 16,* 57–88.

Shultz, T. R., Schmidt, W. C., Buckingham, D., & Mareschal, D. (1995). Modeling cognitive development with a generative connectionist algorithm. In T. J. Simon & G. S. Halford (Eds.), *Developing cognitive competence: New approaches to process modeling* (pp. 205–261). Hillsdale, NJ: Erlbaum.

Siegelmann, H. T., & Sontag, E. D. (1995). On the computational power of neural nets. *Journal of Computer and System Science, 50,* 132–150.

Simon, T. J. (1997). Reconceptualizing the origins of number knowledge: A "non-numerical" account. *Cognitive Development, 12,* 349–372.

Simon, T. J. (1998). Computational evidence for the foundations of numerical competence. *Developmental Science, 1,* 71–78.

Singer, W., Engel, A. K., Kreiter, A. K., Munk, M. H. J., Neuenschwander, S., & Roelfsema, P. R. (1997). Neuronal assemblies: Necessity, signature and detectability. *Trends in Cognitive Sciences, 1*(7), 252–261.

Smolensky, P. (1988). On the proper treatment of connectionism. *Behavioral and Brain Sciences, 11,* 1–74.

Smolensky, P. (1990). Tensor product variable binding and the representation of symbolic structures in connectionist systems. *Artificial Intelligence, 46,* 159–216.

Smolensky, P. (1991). Connectionism, constituency and the language of thought. In B. Loener & G. Rey (Eds.), *Meaning and mind: Fodor and his critics* (pp. 201–227). Oxford: Basil Blackwell.

Smolensky, P., Legendre, G., & Miyata, Y. (1992). *Principles for an integrated connectionist/symbolic theory of higher cognition*. Boulder: University of Colorado, Department of Computer Science.

Sorrentino, C. (1998). *Children and adults interpret proper names as referring to unique individuals*. Cambridge, MA: MIT Press.

Sougné, J. (1998). Connectionism and the problem of multiple instantiation. *Trends in Cognitive Sciences, 2*, 183–189.

Spelke, E. S. (1990). Principles of object perception. *Cognitive Science, 14*, 29–56.

Spelke, E. S. (1994). Initial knowledge: Six suggestions. *Cognition, 50*, 431–445.

Spelke, E. S., & Kestenbaum, R. (1986). Les origins du concept d'objet. *Psychologie Française, 31*, 67–72.

Spelke, E. S., Kestenbaum, R., Simons, D., & Wein, D. (1995). Spatiotemporal continuity, smoothness of motion and object identity in infancy. *British Journal of Developmental Psychology, 13*, 113–142.

Spelke, E. S., & Newport, E. L. (1998). Nativism, empiricism, and the development of knowledge. In R. M. Lerner (Ed.), *Handbook of Child Psychology* (5th ed.). Vol. 1, *Theories of development* (pp. 270–340). New York: Wiley.

Spemann, H. (1938). *Embryonic development and induction*. New Haven: Yale University Press.

Sur, M., Pallas, S. L., & Roe, A. W. (1990). Cross-model plasticity in cortical development: Differentiation and specification of sensory neocortex. *Trends in Neuroscience, 13*, 227–233.

Tesauro, G., & Janssens, R. (1988). Scaling relationships in backpropagation learning: Dependence on predicate order. *Complex Systems, 2*, 39–44.

Tomasello, M., & Call, J. (1997). *Primate cognition*. Oxford: Oxford University Press.

Touretzky, D. S., & Hinton, G. E. (1985). Symbols among the neurons. *Proceedings IJCAI-85*. Los Angeles.

Touretzky, D. S., & Hinton, G. E. (1988). A distributed connectionist production system. *Cognitive Science, 12*, 423–466.

Trehub, A. (1991). *The cognitive brain*. Cambridge, MA: MIT Press.

Uller, C. (1997). Origins of numerical concepts: A comparative study of human infants and nonhuman primates. Doctoral dissertation, Massachusetts Institute of Technology.

Uller, C., Carey, S., Huntley-Fenner, G., & Klatt, L. (1999). What representations might underlie infant numerical knowledge. *Cognitive Development, 14*, 1–36.

Ullman, M. (1993). The computation of inflectional morphology. Doctoral dissertation, Massachusetts Institute of Technology.

Ullman, M., Bergida, R., & O'Craven, K. M. (1997). Distinct fMRI activation patterns for regular and irregular past tense. *NeuroImage, 5*, S549.

Ullman, M., Corkin, S., Coppola, M., Hickock, G., Growdon, J. H., Koroshetz, W. J., & Pinker, S. (1997). A neural dissociation within language: Evidence that the mental dictionary is part of declarative memory and that grammatical rules are processed by the procedural system. *Journal of Cognitive Neuroscience, 9*, 289–299.

Vargha-Khadem, F., Gadian, D. G., Watkins, K. E., Connelly, A., Van Paesschen, W., & Mishkin, M. (1997). Differential effects of early hippocampal pathology on episodic and semantic memory. *Science, 277*(5324), 376–380. Published erratum appears in *Science*, 1997, *277*(5329), 1117.

Vargha-Khadem, F., Isaacs, E., & Muter, V. (1994). A review of cognitive outcome after unilateral lesions sustained during childhood. *Journal of Child Neurology, 9 (Suppl. 2)*, 67–73.

Vera, A. H., & Simon, H. A. (1994). Reply to Touretzky and Pomerleau. *Cognitive Science, 18*, 355–360.

von der Malsburg, C. (1981). The correlation theory of brain function. Technical Report 81-2. Department of Neurobiology, Max-Planck-Institut for Biophysical Chemistry.

Wasserman, E. A., & DeVolder, C. L. (1993). Similarity- and nonsimilarity-based conceptualization in children and pigeons. *Psychological Record, 43*, 779–793.

Westermann, G. (1999). Single mechanism but not single route: Learning verb inflections in constructivist neural networks. *Behavioral and Brain Sciences, 2*, 1042–1043.

Westermann, G., & Goebel, R. (1995). Connectionist rules of language. In J. D. Moore & J. F. Lehman (Eds.), *Proceedings of the seventeenth annual conference of the Cognitive Science Society*. Mahwah, NJ: Erlbaum. pp. 236–241.

Wexler, K., & Culicover, P. (1980). *Formal principles of language acquisition*. Cambridge, MA: MIT Press.

Wiesel, T. N., & Hubel, D. H. (1963). Single-cell responses in striate cortex of very young, visually inexperienced kittens. *J. Neurophysiology, 26*, 1003–1017.

Wiggins, D. (1967). *Identity and spatio-temporal continuity*. Oxford: Blackwell.

Wiggins, D. (1980). *Sameness and substance*. Cambridge, MA: Harvard University Press.

Wilkinson, G. S. (1984). Reciprocal food-sharing in the vampire bat. *Nature, 308*, 181–184.

Williams, T., Carey, S., & Kiorpes, L. (in preparation). The development of object individuation in infant pigtail macaques. Manuscript in preparation, New York University.

Wolpert, L. (1992). *The triumph of the embryo* (2nd ed.). Oxford: Oxford University Press.

Woods, W. A. (1975). What's in a link. In D. Bobrow & A. Collins (Eds.), *Representation and understanding* (pp. 35–82). New York: Academic Press.

Wynn, K. (1992). Addition and subtraction by human infants. *Nature, 358*, 749–750.

Wynn, K. (1998a). *Cognitive ethology: The minds of children and animals*. New York: Oxford University Press.

Wynn, K. (1998b). Psychological foundations of number: Numerical competence in human infants. *Trends in Cognitive Sciences, 2*, 296–303.

Xu, F. (1997). From Lot's wife to a pillar of salt: Evidence that *physical object* is a sortal concept. *Mind and Language, 12*, 365–392.

Xu, F., & Carey, S. (1996). Infant's metaphysics: The case of numerical identity. *Cognitive Psychology, 30*, 111–153.

Xu, F., & Pinker, S. (1995). Weird past tense forms. *Journal of Child Language, 22*, 531–556.

Yip, K., & Sussman, G. J. (1997). Sparse representations for fast, one-shot learning, *AAAI-97: Proceedings of the Fourteenth National Conference on Artificial Intelligence* (pp. 521–527). Cambridge, MA: MIT Press.

Yu, A. C., & Margoliash, D. (1996). Temporal hierarchical control of singing in birds. *Science, 273*, 1871–1875.

Zucker, R. S. (1989). Short-term synaptic plasticity. *Annual Review of Neuroscience, 12*, 13–31.